Sitzungsberichte der Heidelberger Akademie der Wissenschaften
Mathematisch-naturwissenschaftliche Klasse

Die Jahrgänge bis 1921 einschließlich erschienen im Verlag von Carl Winter, Universitäts-buchhandlung in Heidelberg, die Jahrgänge 1922—1933 im Verlag Walter de Gruyter & Co. in Berlin, die Jahrgänge 1934—1944 bei der Weiß'schen Universitätsbuchhandlung in Heidelberg. 1945, 1946 und 1947 sind keine Sitzungsberichte erschienen.

Jahrgang 1937.

1. J. L. WILSER. Beziehungen des Flußverlaufes und der Gefällskurve des Neckars zur Schichtenlagerung am Südrand des Odenwaldes. DMark 1.10.
2. E. SALKOWSKI. Die PETERSONschen Flächen mit konischen Krümmungslinien. DMark 0.75.
3. Studien im Gneisgebirge des Schwarzwaldes. V. O. H. ERDMANNSDÖRFFER. Die „Kalksilikatfelse" von SCHOLLACH. DMark 0.65.
4. Studien im Gneisgebirge des Schwarzwaldes. VI. R. WAGER. Über Migmatite aus dem südlichen Schwarzwald. DMark 2.—.
5. Studien im Gneisgebirge des Schwarzwaldes. VII. O. H. ERDMANNSDÖRFFER. Die „Kalksilikatfelse" von URACH. DMark 0.60.
6. M. MÜLLER. Die Annäherung des Integrales zusammengesetzter Funktionen mittels verallgemeinerter RIEMANNscher Summen und Anwendungen. DMark 3.30.

Jahrgang 1938.

1. K. FREUDENBERG und O. WESTPHAL. Über die gruppenspezifische Substanz A (Untersuchungen über die Blutgruppe A des Menschen). DMark 1.20.
2. Studien im Gneisgebirge des Schwarzwaldes. VIII. O. H. ERDMANNSDÖRFFER. Gneise im Linachtal. DMark 1.—.
3. J. D. ACHELIS. Die Ernährungsphysiologie des 17. Jahrhunderts. DMark 0.60.
4. Studien im Gneisgebirge des Schwarzwaldes. IX. R. WAGER. Über die Kinzigit-gneise von Schenkenzell und die Syenite vom Typ Erzenbach. DMark 2.50.
5. Studien im Gneisgebirge des Schwarzwaldes. X. R. WAGER. Zur Kenntnis der Schapbachgneise, Primärtrümer und Granulite. DMark 1.75.
6. E. HOEN und K. APPEL. Der Einfluß der Überventilation auf die willkürliche Apnoe. DMark 0.80.
7. Beiträge zur Geologie und Paläontologie des Tertiärs und des Diluviums in der Umgebung von Heidelberg. Heft 3: F. HELLER. Die Bärenzähne aus den Ablagerungen der ehemaligen Neckarschlinge bei Eberbach im Odenwald. DMark 2.25.
8. K. GOERTTLER. Die Differenzierungsbreite tierischer Gewebe im Lichte neuer experimenteller Untersuchungen. DMark 1.40.
9. J. D. ACHELIS. Über die Syphilisschriften Theophrasts von Hohenheim. I. Die Pathologie der Syphilis. Mit einem Anhang: Zur Frage der Echtheit des dritten Buches der Großen Wundarznei. DMark 1.—.
10. E. MARX. Die Entwicklung der Reflexlehre seit Albrecht von Haller bis in die zweite Hälfte des 19. Jahrhunderts. Mit einem Geleitwort von Viktor v. Weizsäcker. DMark 3.20.

Jahrgang 1939.

1. A. SEYBOLD und K. EGLE. Untersuchungen über Chlorophylle. DMark 1.10.
2. E. RODENWALDT. Frühzeitige Erkennung und Bekämpfung der Heeresseuchen. DMark 0.70.
3. K. GOERTTLER. Der Bau der Muscularis mucosae des Magens. DMark 0.60.
4. I. HAUSSER. Ultrakurzwellen. Physik, Technik und Anwendungsgebiete. DMark 1.70.

Sitzungsberichte
der Heidelberger Akademie der Wissenschaften
Mathematisch-naturwissenschaftliche Klasse
Jahrgang 1949, 11. Abhandlung

Beiträge zur Geologie und Paläontologie des Tertiärs und des Diluviums in der Umgebung von Heidelberg

Ursus (Plionarctos) stehlini Kretzoi, der kleine Bär aus den altdiluvialen Sanden von Mauer-Bammental und Mainz-Wiesbaden

Von

Florian Heller

Nürnberg

Mit 9 Textabbildungen und 6 Maßtabellen

Vorgelegt in der Sitzung vom 12. November 1942

Heidelberg 1949
Springer-Verlag

ISBN-13: 978-3-540-01427-0   e-ISBN-13: 978-3-642-48034-8
DOI: 10.1007/978-3-642-48034-8

Ursus (Plionarctos) stehlini Kretzoi, der kleine Bär aus den altdiluvialen Sanden von Mauer≉Bammental und Mainz≉Wiesbaden.

Von

Florian Heller, Nürnberg.

Mit 9 Textabbildungen und 6 Maßtabellen.

Inhaltsübersicht.

1. Einleitung.

Unter den altdiluvialen Raubtieren Deutschlands verdienen die kleinen Bärenformen ein ganz besonderes Interesse. Reste solcher Ursiden aus den Ablagerungen von Mauer bei Heidelberg lagen lange Jahre unbestimmt in den Museen von Stuttgart und Hildesheim, bis sie endlich im Jahre 1906 durch v. Reichenau einer näheren Untersuchung gewürdigt wurden. Dieser glaubte eine weitgehende Übereinstimmung mit Ursus arvernensis Croizet et Jobert aus dem Oberpliozän der Montagne Perrier feststellen zu können, obgleich der Vergleich nicht an Hand der Originalstücke möglich war, sondern lediglich nach der Beschreibung und Benutzung der nicht gerade gut gelungenen Abbildungen vorgenommen werden mußte. Seitdem erscheint der kleine Bär von Mauer in den Faunenlisten stets unter der Bezeichnung *Ursus arvernensis*. Auch für die Mosbacher Sande gelang der Nachweis des Vorkommens dieser kleinen Form; denn ein Oberkiefer-Eckzahn, der von KINKELIN (1889) irrtümlicherweise *Ursus arctos* zugeschrieben wurde, gehört nach den Untersuchungen v. REICHENAUs „zweifellos einem völlig erwachsenen *Ursus arvernensis* an und belegt die völlige Übereinstimmung beider Faunen von Mosbach und Mauer als einer zeitlich und räumlich im Zusammenhange stehenden altdiluvialen Fauna der oberrheinischen Tiefebene" (REICHENAU 1906, S. 313). Andere Autoren, wie FREUDENBERG (1914, S. 136) und SOERGEL (1914, S. 104) schlossen sich v. REICHENAU an und führten den kleinen altdiluvialen Bären aus deutschen Ablagerungen bisher stets unter dem Namen *Ursus arvernensis* an. Auch RÜGER, der 1928 die Carnivoren von Mauer einer gründlichen Bearbeitung unterzog, beläßt den kleinen Bären noch bei *Ursus arvernensis*, wenn er auch schon einige Zweifel an der Richtigkeit der Bestimmung hegt. Er schreibt hierüber auf S. 215 seiner Arbeit: „Man kann sich jedoch nicht verhehlen, daß die Bestimmung dieses Bären als *Ursus arvernensis* noch einer Nachprüfung bedarf, was vorläufig allerdings noch nicht möglich ist. Immerhin lassen sich jetzt schon Unterschiede aufweisen, die es zweifelhaft machen, ob es sich bei dem Mauerer Bären wirklich um den *Ursus arvernensis* handelt, oder ob nicht vielleicht eine andere, eventuell neue Art vorliegt. Ganz ohne Zweifel gehört jedoch der Mauerer Bär in den *etruscus-arvernensis* Formenkreis hinein, daran kann kein Zweifel herrschen."

Aus diesen Ausführungen RÜGERs geht deutlich hervor, daß die Frage hinsichtlich der vollständigen Übereinstimmung der altdiluvialen und oberpliozänen kleinen Bärenformen bis heute noch nicht restlos geklärt ist. Dies muß wohl in erster Linie auf die Tatsache zurückgeführt werden, daß die Reste des *Ursus arvernensis* vom klassischen Fundort Perrier mit Ausnahme der spärlichen Oberkieferreste (s. CROIZET und JOBERT) noch keine richtige Bearbeitung gefunden haben. Auch erlaubten die Seltenheit der Reste des kleinen altdiluvialen Bären und ihr vielfach wenig befriedigender Erhaltungszustand keine einwandfreie Untersuchung der Artzugehörigkeit.

Ein glücklicher Fund aus der großen Sandgrube am Wolfsbuckel bei Bammental kann zur Klärung der angeschnittenen Frage einen wesentlichen Beitrag liefern. Es handelt sich um ein linkes Unterkieferfragment mit sehr gut erhaltener Bezahnung. Dieser Fund gibt uns die Möglichkeit, die von RÜGER gewünschte Nachprüfung vorzunehmen. So soll denn im Nachfolgenden der Versuch gemacht werden, die Unterschiede und Zusammenhänge zwischen *Ursus etruscus*, *Ursus arvernensis* und *Ursus ruscinensis* noch gründlicher als bisher herauszuarbeiten und die so oft erörterte Frage zu klären, ob *Ursus arvernensis* als selbständige Art weiter bestehen kann oder nicht; ferner ob die Reste der kleinen Ursiden aus den Mauerer und Mosbacher Sanden wirklich zu *Ursus arvernensis* gehören oder eine eigene Art darstellen.

Zuvor möchte ich allen Herren danken, die mich bei meiner Arbeit durch die Überlassung des benötigten Vergleichsmaterials weitgehend unterstützten. Besonderen Dank schulde ich Herrn Professor Dr. J. L. WILSER für die Mithilfe bei der Beschaffung des Materials und für die Vermittlung einer Reise nach Paris. Die dortige Leitung des Musée national d'histoire naturelle vertraute mir in bereitwilliger Weise die vorhandenen Reste des *Ursus arvernensis* aus Perrier leihweise an und gab auch ihre Einwilligung zur Veröffentlichung der Untersuchungsresultate. Sodann danke ich bestens Herrn Dr. BERCKHEMER, der mir den in der Stuttgarter Sammlung aufbewahrten Unterkiefer eines kleinen Bären von Mauer zur Verfügung stellte, und endlich noch Herrn Präparator STADELMANN, der mir die im Mainzer Naturhistorischen Museum befindlichen einschlägigen Funde aus den Mosbacher Sanden für meine Untersuchungen in freundlicher Weise überließ. Die in den Besitz des ROEMER-Museums zu Hildesheim gelangten Reste kleiner Bären aus den Mauerer Sanden waren dort leider nicht auffindbar.

Schon in einer früheren Arbeit (HELLER 1939) habe ich das Artproblem, d. h. die Frage der Artselbständigkeit verschiedener kleiner Ursiden aus dem Oberpliozän-Altdiluvium gestreift. Es sei mir erlaubt, hier nochmals einen kurzen chronologischen Überblick über diese Frage zu geben.

Nach einem Schädelfragment aus dem Oberpliozän vom Mont Perrier in der Auvergne stellten CROIZET et JOBERT (1828) ihren *Ursus arvernensis* auf. Ein Jahr vorher hatten DEVÈZE et BOUILLET (1827) Reste kleiner Bären mit dem Namen *Ursus minimus* belegt.

Im Teil VII seiner „Recherches sur les ossements fossiles" behandelt Cuvier (1835, S. 306 ff., Tafel 189, Fig. 10—11) die schon länger bekannten Bärenreste aus dem Val d'Arno, welche zusammen mit *Elephas* und *Hippopotamus* gefunden wurden, und schlägt für sie die vorläufige Benennung *Ursus etruscus* vor. Ausführlicher kommt auch Blainville (1839—1864) im Bd. II, S. 61—65 auf *Ursus etruscus* und *Ursus minimus* = *Ursus arvernensis* zu sprechen. Von *Ursus arvernensis* lagen, außer dem bereits von Croizet et Jobert beschriebenen Material, ein weiterer Schädelrest, sowie zwei fast vollständige Unterkiefer (Bd. II, Tafel 15) zur Untersuchung vor. Blainville neigt stark dazu, *Ursus etruscus* und *Ursus arvernensis* als ein und dieselbe Art zu betrachten, kommt aber noch zu keiner endgültigen Entscheidung. Gervais (Zoologie et Paléontologie françaises 1848—1852) führt außer Resten von *Ursus spelaeus* und *Ursus arctos* auch *Ursus arvernensis* an, dem wiederum als identisch *Ursus minimus* Devèze et Bouillet eingereiht wurde, und stellt eine neue Art auf, *Ursus minutus*, aus dem Mittelpliozän von Montpellier, von der ein M_3 abgebildet wird. (Tafel 8, Fig. 1 und S. 107.) Hierher gehören wohl auch einige Funde aus dem Pliozän von Boutonnet, einer Vorstadt von Montpellier (1 Canin und 1 Unterkieferhälfte), die bereits 1772 geborgen, aber niemals richtig beschrieben wurden. Als Vertreter der Gattung *Ursus* gibt Gaudry in seinen „Enchainements" (1878, S. 214, Fig. 281) die Abbildung einer linken Oberkieferhälfte von *Ursus arvernensis* aus Perrier. Anläßlich der Beschreibung der Bärenreste aus dem Forest-Bed geht auch Newton (1882, S. 9—10 und 12—14) kurz auf die Artmerkmale des vielgenannten *Ursus arvernensis* ein. Er stützt sich hierbei hauptsächlich auf den im Britischen Museum befindlichen Abguß eines rechten Unterkieferastes von „*Ursus arvernensis* aus Frankreich", der so gut mit dem bei Blainville abgebildeten Unterkieferrest übereinstimmt, daß die Identität mit dem Original naheliegt. Wertvoll sind insbesondere die Maße, die Newton von dem Abguß mitteilt (Gesamtlänge des Unterkiefers: 162 mm; Länge der Zahnreihe P_4—M_3: 76 mm; 13,7 mm lang, 8,3 mm breit; M_1: 24,5 mm lang, 12,7 mm breit; M_2: 23,0 mm lang, 15,3 mm breit; M_3: 16,5 mm lang, 13,7 mm breit).

In die Vielzahl der Formen und in den hauptsächlich durch ungenügende Beschreibung und den Mangel an brauchbaren Abbildungen hervorgerufenen Artenwirrwar suchte erstmalig Weit-

HOFER (1889) etwas Ordnung hineinzubringen. Er meint (1889, S. 69), zwischen *Ursus etruscus* und *Ursus arvernensis* bestehe hinsichtlich der Zahnform kein greifbarer Unterschied. *Ursus arvernensis* könne recht gut nur ein kleineres Exemplar von *Ursus etruscus* gewesen sein, zumal die Größendifferenz die spezifisch mögliche Variation nicht überschreite. Dagegen unterscheidet DEPÉRET in seinen Arbeiten bei der Beschreibung seines *Ursus arvernensis* race (mut. asc.) *ruscinensis* aus dem Mittelpliozän von Roussillon scharf zwischen den beiden Arten *Ursus etruscus* und *Ursus arvernensis* und begründet dies in ausführlicher Weise (1890—1892). Synonym mit *Ursus arvernensis* sind nach DEPÉRET *Ursus minimus* und *Ursus minutus*. *Ursus arvernensis*, *Ursus etruscus* und *Ursus arvernensis* race *ruscinensis* werden dem 1829 von HORSFIELD aufgestellten Subgenus *Helarctos* eingereiht. Erneut erfahren wir dabei, daß von Perrier 2 Unterkieferhälften des *Ursus arvernensis* im Museum von Paris liegen, die DEPÉRET als Vergleichsmaterial dienten. Ob es sich hierbei um die bereits bei BLAINVILLE erwähnten und zum Teil abgebildeten Reste handelt, ist leider nicht ersichtlich.

Die erste wirklich brauchbare Bearbeitung der kleinen Bären aus dem Oberpliozän vom Val d'Arno und d'Olivola ist RISTORI (1897) zu danken. Nach diesem Autor müssen *Ursus minimus*, *Ursus arvernensis*, *Ursus minutus*, *Ursus etruscus* und *Ursus arvernensis-ruscinensis*, bzw. *pyrenaicus* zu einer einzigen Art unter der Bezeichnung *Ursus etruscus* zusammengezogen werden. *Ursus arvernensis* und *Ursus ruscinensis* sollen künftig nur noch als Rassen von *Ursus etruscus* Geltung haben:

A-Rasse: *Ursus ruscinensis* DEPÉRET, Perpignan, Roussillon,

B-Rasse: *Ursus arvernensis* CROIZET et JOBERT, Mont Perrier, Auvergne,

C-Rasse: *Ursus etruscus* CUVIER, Val d'Arno und d'Olivola, Italien.

Gegen diese Auffassung wendet sich v. REICHENAU (1906), da er *Ursus ruscinensis* nach wie vor für eine wohlunterschiedene, selbständige Art hält. *Ursus arvernensis* und *Ursus etruscus* werden hingegen wie bei RISTORI als Minor- bzw. Major-Rasse einer Art *(Ursus etruscus)* angesehen. REICHENAU selbst äußert sich wie folgt (S. 204): ,,Der Bär vom Mont Perrier ist also zunächst mindestens eine kleinere Rasse (erg. von *Ursus etruscus*!). Ihr gehört an der kleine Bär von Mauer bei Heidelberg und von Mosbach.''

Dieser Auffassung entspricht auch die Bezeichnung *Ursus etruscus* b) *arvernensis*. Um so unverständlicher sind die Ausführungen RÜGERs (1928), wenn er S. 215 meint: „v. REICHENAUs Stellung ist nicht ganz eindeutig festzulegen. Aus der Überschrift zur Bezeichnung des Mauerer Bären ‚*Ursus etruscus* b) *arvernensis*‘ könnte es fast scheinen, als ob er dem Mauerer Bären nur die Stellung einer Varietät von *Ursus etruscus* zuerkennt.“ In einer späteren Arbeit (1910) bezeichnet zwar v. REICHENAU die kleinen Bärenreste der Mosbacher Sande nur noch als *Ursus arvernensis*, eine Meinungsänderung vermag ich darin allerdings nicht zu erblicken. Vielmehr halte ich es für möglich, daß v. REICHENAU hier nur eine einfachere Benennung wählte, im übrigen stillschweigend auf seine früheren Ausführungen hinwies.

FREUDENBERG (1914) beschreibt *Ursus arvernensis* von Mauer an Hand eines vorzüglich erhaltenen Unterkieferastes, dem leider sämtliche Zähne bis auf den Eckzahn fehlen (Sammlung des Geol. Instituts Tübingen). Er gibt ferner die gleiche Art an für das Cromer-Forest-Bed Englands, Püspökfürdö in Ungarn, sowie für die Tone von Tegelen. Hierzu ist zu bemerken, daß das schon des öfteren erörterte Vorkommen von *Ursus arvernensis* im englischen Cromerian auch heute noch nicht einwandfrei nachgewiesen ist. Nach DAWKINS, NEWTON und REYNOLDS wurden bisher nur Reste größerer Ursiden gefunden, die sich auf zwei verschiedene Formen, — nach letzter Bestimmung *Ursus savini* ANDREWS und *Ursus* sp. *ferox*? — verteilen. In der jüngsten Faunenliste (ZEUNER 1937) findet sich allerdings auch wieder *Ursus* sp. (? *arvernensis)* angegeben. In Ungarn wurden kleinere Bärenreste auch am Villány-Kalkberg und bei Beremend geborgen und als *Ursus arvernensis* bestimmt (KORMOS 1937). Die Bärenreste von Tegelen endlich, die zuletzt BERNSEN einer eingehenden Untersuchung unterzog, gehören der größeren oberpliozänen „Bärenrasse“ *Ursus etruscus* CUVIER an.

FREUDENBERG spricht sich auch über die mutmaßlichen genetischen Beziehungen der einzelnen diluvialen Bären aus, die er sich folgendermaßen dachte: *Ursus ruscinensis*, die älteste Form verzweigt sich in *Ursus etruscus* und *Ursus arvernensis*. Von *Ursus etruscus* spalten nacheinander *Ursus deningeri*, *Ursus spelaeus*, *Ursus arctos fossilis*, schließlich *Ursus arctos* ab, während *Ursus arvernensis* des Altdiluviums in direkter Verbindung mit dem rezenten *Ursus malayanus* stehen soll.

Soergel (1914) führt die Ursiden-Reste von Mauer nur kurz unter der Bezeichnung *Ursus arvernensis* an (S. 104—105). Weder in dieser Arbeit, noch in jener von 1926 geht er jedoch näher auf die Streitfrage über den Wert dieser Art ein.

Rüger hat in seiner Arbeit (1928), wie bereits eingangs erwähnt, verschiedene Reste kleiner Bären aus den Mauerer Sanden beschrieben und den Namen *Ursus arvernensis* belassen, aber darauf aufmerksam gemacht, daß gewisse Abweichungen vom Typus vorhanden sind und daß es sich möglicherweise um eine eigene Art handeln könnte.

In einer Arbeit über *Indarctos arctoides* und die Phylogenie der Ursiden kommen Depéret et Llueca (1928) ebenfalls kurz auf *Ursus arvernensis* zu sprechen. Der Bär aus dem Pliozän von Roussillon wird nach wie vor *Ursus arvernensis* mut. *ruscinensis* genannt, und seine Unterschiede gegenüber *Ursavus deltai* werden klargestellt. Die typische Form des *Ursus arvernensis* aus dem Oberpliozän der Auvergne stellt nach der Ansicht der beiden Autoren eine einfache ascendente Mutation des Bären von Roussillon dar. Von letzterem unterscheidet sie sich vor allem durch den etwas mehr verlängerten und schlankeren Mandibelknochen. Die Prämolaren sind einander mehr genähert, die hinteren Molaren breiter, das Talonid ist durch das Auftreten von Nebenhöckerchen komplizierter gebaut. Diese Höcker sollen zudem das Bestreben zeigen, sich zu kontinuierlichen Kämmen zusammenzuschließen.

Saint-Perier beschreibt 1922 Reste eines kleinen Ursiden aus der Höhle von Montmaurin unter der Bezeichnung *Ursus arctos*. Besonders hervorgehoben wird die für einen Braunbären auffallend geringe Größe. Unter Hinweis auf die von Boule bekannt gemachte Tatsache, daß in den Grotten von Grimaldi die arktoiden Bären in den untersten Schichten (mit den ältesten Feuerstellen) mit kleinen Formen beginnen und dann nach oben hin immer mehr an Größe zunehmen, zieht Saint-Perier den Schluß, daß die Ablagerungen der Höhle von Montmaurin ziemlich hohes Alter haben müssen. Die Altersdatierung: Quartär nahe Pliozän dürfte wohl das richtige treffen; denn auch die Begleitfauna, aus der *Machairodus latidens* und *Rhinoceros mercki* besonders erwähnt seien, spricht dafür.

Wie schon oben erwähnt, hat Bernsen die Tegeler Bärenreste einer nochmaligen gründlichen Untersuchung unterzogen und dabei feststellen können, daß hier nicht *Ursus arvernensis*, sondern der etwas größere *Ursus etruscus* in Frage kommt. Nach Behandlung der Frage, ob die zweifellos vorhandene Verschiedenheit der Größe beider Formen allenfalls auf Sexualunterschiede zurückgeführt werden könnte, hält BERNSEN es doch für wahrscheinlicher, daß *Ursus arvernensis* eine Minor-Rasse darstellt, gegenüber *Ursus etruscus* als Major-Rasse. (BERNSEN 1932, S. 32.) Den Bären von Roussillon hält BERNSEN mit REICHENAU für eine selbständige Art.

STEHLIN (1933) hat *Ursus arctos*-Reste aus der Grotte von Cotencher untersucht und sich dabei ganz allgemein mit den braunbärenartigen Formen des Quartärs beschäftigt. Soweit seine Ausführungen für die hier aufgeworfenen Fragen von Bedeutung sind, sollen sie im wesentlichen wiedergegeben werden. Nach STEHLIN stellen die ältesten Vertreter der braunbärenartigen Ursiden kleine Formen dar, die noch durchaus archäische Züge tragen. Diese Tatsache habe die meisten Autoren veranlaßt, solche kleinen Formen lieber mit dem pliozänen *Ursus arvernensis* als mit dem späteren *Ursus arctos* in Verbindung zu bringen. Durch die Vereinigung der kleinen archäischen Bären des Altquartärs mit *Ursus arvernensis* brächten sie zum Ausdruck, daß der Urside von Perrier als unmittelbarer pliozäner Vorläufer der Braunbären angesehen werden dürfe. Demgegenüber macht STEHLIN darauf aufmerksam, daß der echte *Ursus arvernensis* bisher noch niemals in den jüngsten Pliozänablagerungen, also in den Schichten, die dem Diluvium unmittelbar vorangehen, gefunden wurde. Die typischen Exemplare von *Ursus arvernensis* stammten ausschließlich aus den unteren Schichten des Hügels von Perrier. Ein Eckzahn von Vialette wird von STEHLIN derselben Art zugeschrieben und dürfte in Ablagerungen gleichen Alters gefunden worden sein. Dagegen müßten nach STEHLIN die Reste von Montpellier und Roussillon, die GERVAIS und DEPÉRET unter dem Namen *Ursus minutus*, bzw. *Ursus arvernensis-ruscinensis* beschrieben, wesentlich älter sein. Somit scheine eine chronologische Lücke zwischen den pliozänen Bären vom Typus des *Ursus arvernensis* und den kleinen primitiven Formen an der Basis des Pleistozäns zu bestehen. Aus diesem Grunde habe wohl auch BOULE in seinem Bärenstammbaum (1906—1919, S. 254) zwischen *Ursus arvernensis* und seinen *Ursus praearctos* von Grimaldi den *Ursus etruscus* eingeschoben. *Ursus etruscus* scheine tatsächlich jünger zu sein als *Ursus arvernensis*. Im übrigen, schreibt STEHLIN, seien die Unterschiede zwischen den beiden Arten nicht sehr groß; sie beruhen hauptsächlich auf der verschiedenen Größe und Merkmalen, die davon abhängen. Von einer

Vereinigung der beiden Formen, wie sie RISTORI vorschlug, will STEHLIN nichts wissen. *Ursus arvernensis* verhalte sich, soweit man bisher urteilen könne, wie eine ascendente Mutation von *Ursus etruscus* und habe als solche ein gewisses Anrecht auf besondere Benennung. *Ursus etruscus* unterscheide sich von *Ursus arctos* wesentlich durch seine archaischen Merkmale. Vom rein morphologischen Gesichtspunkt aus würde nichts gegen die Annahme einer direkten Verwandtschaft der beiden Arten sprechen. Man müsse jedoch zugeben, daß eine zeitliche Verknüpfung nicht gut möglich sei wegen des Dazwischentretens der kleinen Bären des Altquartärs, die kleiner und vielleicht auch weniger entwickelt sind als *Ursus etruscus* selbst. Es frage sich überhaupt, ob *Ursus arctos* seine Vorfahren in Europa gehabt habe. Die Arctos-Gruppe könne ebensogut in Asien entstanden sein. Mit der Annahme, daß der kleine Bär des Altquartärs ein asiatischer Einwanderer sei, könne man alle Schwierigkeiten überwinden, die sich der Ableitung dieser Form von *Ursus etruscus* bisher in den Weg stellten. Soweit die Gedankengänge STEHLINs, der sich leider nicht darüber ausspricht, ob eine Vereinigung der kleinen altquartären Ursiden mit *Ursus arvernensis* möglich ist oder nicht.

Als letzter hat sich 1938 KRETZOI mit der hier angeschnittenen Ursidenfrage beschäftigt und zwar im Rahmen seiner Beschreibung der altquartären Raubtierfauna von Gombaszög. Nach dem Vorbild FRICKs (1926) werden die meionocreodonten Ursiden in zwei Unterfamilien eingeteilt, in die Arctotheriinae (mit *Arctotherium*-Gruppe *Tremarctos*) und die Ursinae (echte Bären mit *Helarctos* und *Ursus*). Die fossilen amerikanischen Vertreter sind aufs innigste verwandt mit den rezenten Formen der Gruppen *Danis* und *Euarctos*. Die in Europa und Asien im Oberpliozän und Altquartär auftretenden Bären hingegen zerfallen in 2 Gruppen, wovon die eine kleine, primitiv gebaute Formen, die andere ziemlich große Formen umfaßt, die zum Teil an *Ursus arctos*, zum Teil an *Ursus (Spelaearctos) spelaeus* erinnern. „Die kleinen Formen werden von den meisten Autoren mit besonderer Vorliebe zu *Helarctos* gestellt. Doch scheinen sie trotz diesen Bestrebungen nicht das Geringste mit *Helarctos* gemein zu haben." (KRETZOI 1938, S. 136.) KRETZOI hält es für das beste, sie als Glieder einer mit *Ursus* zwar in näherer Verwandschaft stehenden, jedoch gänzlich getrennten Nebenlinie zu betrachten, die mit dem FRICKschen Namen *Plionarctos* belegt werden könnte. Dazu gehören folgende Formen:

Ursus minimus = Ursus arvernensis, die als *Ursus arvernensis* bestimmten Vertreter von Mauer, Mosbach usw., *Ursus minutus*, *Ursus böckhi*, *Ursus namadicus*, *Ursus kokeni*, *Ursus angustidens* und schließlich *Ursus edensis*. Die größeren Formen, die noch früher auftauchen und durch progressivere Gebißmerkmale gekennzeichnet sind, lassen sich besonders im Anfang ihrer Entwicklung nur schwer von *Plionarctos* trennen. Zu ihnen dürften vor allem die pliozänen Arten *Ursus ruscinensis* und *Ursus etruscus* gehören, denen in verschiedenem zeitlichem Abstand die altquartären Großbären *Ursus savini*, *Ursus deningeri*, *Ursus subspelaeus*, *Ursus süssenbornensis* und die jüngeren Formen *Ursus taubachensis*, die Vertreter der *Arctos*- sowie der *Spelaearctos*-Gruppe angeschlossen werden könnten. „Würde es sich aber herausstellen, daß diese altpliocaene Gruppe (d. h. *ruscinensis-etruscus*) auch keine direkten Vorfahren der angeführten jüngeren Formen darstellen könnte, sondern bloß eine Nebenlinie repräsentiert, so würde es sich empfehlen, sie von *Ursus* getrennt als *Drepanodon* zusammenfassen." (KRETZOI 1938, S. 137.)

Nach KRETZOI können also die pliopleistozänen Bären der alten Welt in folgende zwei — an der Basis allerdings noch schwer unterscheidbare — Stammgruppen aufgeteilt werden:

I. Plionarctos FRICK.

Kleine konservative Formen.
Plionarctos minutus (GERVAIS)
Plionarctos minimus (DEVÈZE
et BOUILLET) =
Plionarctos arvernensis (CROI-
ZET et JOBERT)
Plionarctos böckhi (SCHLOSSER)
Plionarctos versch. sp. von
Mauer, Mosbach, Villány,
Beremend, Püspökfürdö usw.
Plionarctos angustidens
(ZDANSKY)
Plionarctos edensis FRICK
Plionarctos namadicus (FAL-
CONER et CAUTLEY)
Plionarctos kokeni (MATTHEW
et GRANGER).

II. Drepanodon-Ursus s. l.

An Größe rasch zunehmende
und hinsichtlich ihrer Ge-
bißentwicklung sehr evolu-
tionsfähige Formen.
Drepanodon? *ruscinensis*
(DEPÉRET)
Drepanodon? *etruscus* (CU-
VIER)
Drepanodon? *etruscus gombas-
zögensis* KRETZOI
Ursis savini ANDREWS
Ursus deningeri REICHENAU =
Ursus subspelaeus POHLIG
Ursus süssenbornensis SOERGEL
Ursus taubachensis RODE
Ursus arctos LINNÉ
Ursus spelaeus ROSENMÜLLER.

Diese von KRETZOI gegebene Einteilung hat in mancher Hinsicht vieles für sich, doch wird sie nicht von allen Autoren widerspruchslos hingenommen werden; denn bisher galt der echte *Ursus arvernensis* von Perrier nahezu allgemein als unmittelbarer Nachkomme des *Ursus ruscinensis*. Auch bedarf die Annahme, daß *Ursus arvernensis* und *Ursus etruscus* zwei getrennten Entwicklungsreihen angehören, die allerdings anfänglich einander noch ziemlich ähnliche Formen enthalten, erst noch des endgültigen Beweises, damit der alte Streit über die Beziehungen der beiden genannten Arten als beendet angesehen werden darf.

Die Frage nach der Species, welcher die kleinen, primitiven Bären aus den verschiedenen altquartären Ablagerungen zugeteilt werden müssen, ist aber damit immer noch nicht geklärt. Fest steht bisher nur, daß im Pliozän von Perrier Reste eines kleineren Ursiden vorkommen, die in der Literatur als *Ursus arvernensis* geführt werden, und daß die in den Mauerer und Mosbacher Sanden gefundenen Bärenreste wegen ihrer geringen Größe von REICHENAU mit der Art von Perrier identifiziert wurden. Eine genauere Beschreibung und Abbildung von Unterkieferresten des echten *Ursus arvernensis* ist bedauerlicherweise bis heute unterblieben. Besonders auffallend ist ferner, worauf STEHLIN aufmerksam machte, die große zeitliche Differenz, die zwischen dem Auftreten eines kleinen Bären im Oberpliozän von Perrier und dann erst wieder in zweifellos altquartären Ablagerungen besteht. Übrigens scheint auch KRETZOI die Richtigkeit der Bestimmung der kleinen altquartären Bären als *Ursus arvernensis* zu bezweifeln; denn in seiner Stammgruppengliederung führt er die Bären von Mauer und Mosbach nur als *Plionarctos* sp. an.

Wenn wir die angeschnittene Artfrage der kleinen Ursiden aus den altdiluvialen Ablagerungen Deutschlands einer Klärung zuführen wollen, dann müssen wir in erster Linie darauf bedacht sein, die charakteristischen Merkmale der einzelnen in Betracht kommenden Bärenformen scharf herauszuarbeiten und diese dann ebenso scharf gegeneinander abzugrenzen. Leider standen uns· bei unserer Untersuchung nicht alle wichtigen Funde im Original zur Verfügung, so daß wir uns vielfach mit Beschreibungen oder mit mehr oder weniger gut gelungenen Abbildungen behelfen mußten. Es ist dies um so mehr zu bedauern, als die Lösung des Problems ohnehin mit besonders großen Schwierigkeiten verknüpft ist.

2. Die kleinen pliopleistozänen Ursiden.

Ursus (Drepanodon?) ruscinensis Depéret.

Wie aus der Beschreibung des von Depéret zuerst untersuchten, guterhaltenen Unterkieferastes zu ersehen ist, erreicht diese mittelpliozäne Art von Roussillon die Größe des *Ursus etruscus* aus dem Val d'Arno. Bei letzterem ist jedoch der Mandibelknochen etwas mehr in die Länge gezogen, was sich schon in dem größeren Abstand der Prämolaren voneinander äußert. Der Vorderrand des Kronfortsatzes ist bei *Ursus ruscinensis* weniger nach hinten geneigt als bei *Ursus etruscus*.

Die Zahnformel für den Unterkiefer lautet: ? 1 4 3.

Der Eckzahn besitzt eine kräftige Wurzel und eine schlanke, spitzige Krone. Die Form der Krone ist konisch, querüber leicht abgeplattet, hinten mit einer stumpfen Kante versehen. Vorn und seitlich innen zeigt sich eine zweite stärkere Kante, die hinten von einer breiten und seichten Furche begrenzt wird.

Die drei vordersten Prämolaren sind nur kleine einwurzelige Zähnchen, deren Krone von einer einzigen stumpfen Spitze gebildet wird. Der kräftigste scheint, auch nach der Größe der Alveole zu schließen, P_1 zu sein, der unmittelbar hinter dem Eckzahn steht. Die Alveolen von P_2 und P_3 sind annähernd gleich groß. Die Abstände zwischen den einzelnen Alveolen sind ungleich. Während P_1 und P_2 einander ziemlich genähert sind, befindet sich zwischen P_2 und P_3 ein wesentlich größerer Abstand. Im allgemeinen stehen die Prämolaren beim Bären von Roussillon enger beisammen als bei *Ursus etruscus*. So beträgt nach Depéret der Zwischenraum zwischen P_3 und P_4 bei *Ursus ruscinensis* nur 3 mm, bei *Ursus etruscus* dagegen 10 mm. Auch die Entfernung zwischen dem Eckzahn und P_4 zeigt bei beiden Arten beträchtliche Unterschiede. Sie beträgt nämlich bei *Ursus ruscinensis* nur 28 mm, gegenüber 44 mm bei *Ursus etruscus*.

Der vierte Prämolar ist nach Depéret zweiwurzelig. Die verlängerte Krone besteht aus einem dreieckigen Haupthöcker mit geradem Vorderrand und etwas konvex gebogenem Hinterrand. Vorn befindet sich ein rudimentäres Paraconid, hinten ein längerer, fast horizontal verlaufender Talon. Den ganzen Zahn umgibt ein mehr oder weniger kräftiges Cingulum. Seine Größe erscheint mehr reduziert als beim entsprechenden Zahn von *Ursus etruscus*; denn sie beträgt nur 12 mm gegenüber 14 mm bei letzterem.

Der erste Molar besitzt ein deutliches Paraconid, das von einem kleinen, dreieckigen Höcker gebildet wird. Das große Protoconid ist dem Vorderrand des Zahnes ziemlich nahe gerückt. Die Spitze schaut gegen den Außenrand der Zahnkrone. Auf der Innenseite des Zahnes und ein wenig hinter dem Protoconid erhebt sich nach DEPÉRET „ein kleines Nebenhöckerchen, das augenscheinlich den Innenhügel der Caniden bei *Amphicyon* und *Hyaenarctos* repräsentiert". Es handelt sich um das Metaconid, das wegen seines einfachen Baues — ein Vorder- oder ein hinterer Nebenhügel fehlt — tatsächlich in mancher Hinsicht an den Bauplan bei den Caniden und Amphicyoniden erinnert. Mit Recht bemerkt daher DEPÉRET, daß der M_1 von *Ursus ruscinensis* weniger einem Bärenzahn als vielmehr einem Molar von *Canis* oder *Amphicyon* gleicht. Das Talonid, das wesentlich breiter ist als der übrige Zahn, wird gebildet von dem Hypoconid und dem Entoconid. Ersteres ist stärker ausgeprägt und weiter nach vorn gerückt als das letztere. Gegenüber geologisch jüngeren Ursiden ist das Talonid viel einfacher ausgebildet. Trotzdem zeigt es schon die Tendenz nach omnivorer Zahnentwicklung. Der Zahn wird namentlich an der Außenseite von einem kräftigen Cingulum umgeben.

Der verhältnismäßig kleine zweite Molar ist zwar ebenfalls noch ziemlich einfach gebaut, doch zeigt er schon recht deutlich die Merkmale der Bärenzähne. Insbesondere läßt er gut erkennen, daß die einzelnen Zacken und Höcker schwächer werden und daß sich eine flache Krone entwickelt, die von stumpfen, in zwei randlichen Reihen angeordneten Höckern umgeben wird. Die Innenfläche der Krone läßt noch keine stärkeren Runzeln erkennen.

Der dritte Molar zeigt den Bärencharakter — die Umgestaltung zu einem omnivoren Zahn — noch deutlicher als M_2. Er besitzt eine breite Vorderseite und ist im Umriß rundlich eiförmig. Die flache, in der Mitte etwas vertiefte Zahnkrone wird am Rande lückenlos von einem mehr oder weniger zackigen Schmelzwulst umgeben. Die eigentliche Kaufläche zeigt ein verhältnismäßig schwaches Relief, weil Höcker, Runzeln, Kanten und Grate nur in geringem Maße ausgebildet sind. Der M_3 von *Ursus etruscus* ist dagegen, wie aus der Beschreibung DEPÉRETs und Abbildungen hervorgeht, in allen Teilen stärker gebaut und auf der Kronenoberfläche mit zahlreichen deutlich entwickelten Nebenhöckerchen besetzt, wie dies in noch stärkerem Maße bei den diluvialen Bären der Fall ist.

Im Nachtrag beschreibt Depéret noch die beiden Unterkieferhälften eines anderen Fundstückes, die erheblich kleiner sind als
das Typusexemplar, aber sonst in allen wesentlichen Punkten mit
diesem übereinstimmen.

Ursus (Plionarctos) böckhi Schlosser.

Die Unterkiefereckzähne dieser aus den pliozänen Braunkohlen
von Barót-Köpecz stammenden Art sind nach Schlosser auffallend groß und namentlich durch starke seitliche Kompression
gut charakterisiert. Von der Spitze dieses Zahnes ziehen drei
deutlich vorspringende Kanten herab. Die eine befindet sich auf
der Außenseite und erstreckt sich nur bis zur Mitte der Krone;
die beiden anderen sind länger und erreichen die Kronenbasis selbst.

Der P_4 von *Ursus böckhi*, übrigens der einzige beschriebene
Prämolar, ist so fragmentarisch erhalten, daß er sich zu Vergleichen nur wenig eignet. Aus der Abbildung Schlossers geht nur
hervor, daß der Anstieg der Vorderkante weniger steil ist als der
der Hinterkante.

Sehr charakteristisch ist dagegen M_1. Das Trigonid dieses
Zahnes besteht wie bei allen Bärenarten aus einem überaus niedrigen Paraconid, einem stumpfen Protoconid und einem kleinen,
fast kegelförmigen Metaconid. Das Talonid setzt sich zusammen
aus einem annähernd konischen Außenhöcker (Hypoconid) und
einem mehr dem Hinterrande genäherten, ähnlich gebauten Entoconid. Dazu kommt noch ein kleiner Höcker in der Hinteraußen-
ecke und ein noch schwächeres Höckerchen zwischen Entoconid
und Metaconid. Schließlich besitzt M_1 noch ein kräftiges, gut ent-
wickeltes Außencingulum.

Besonders auffallend an diesem Zahn ist das Fehlen eines
Sekundärhöckers vor dem Metaconid. Durch dieses Merkmal unter-
scheidet sich *Ursus böckhi* von allen jüngeren Bärenarten, deren
Zahnbau viel komplizierter ist.

Der zweite Molar läßt kein eigentliches Paraconid mehr erkennen. Auch das Protoconid ist sehr niedrig geworden, niedriger
sogar als das Metaconid. Beide stehen einander gegenüber und
sind durch ein Joch miteinander verbunden. Das Talonid zeigt
dieselbe Ausbildung wie bei M_1, nur sind die Sekundärhöcker etwas
kräftiger geworden. Das Cingulum ist wesentlich schwächer entwickelt und nur in der Mitte des Zahnes gut sichtbar.

Der von SCHLOSSER beschriebene und abgebildete M_3 soll einem rechten Unterkiefer angehört haben. Ausdrücklich bemerkt hierzu SCHLOSSER, daß Fig. 4—6 seiner beigegebenen Tafel einen Fehler enthalte. Die Abbildung stelle die Zahnreihe eines linken Unterkiefers dar, dem irrtümlicherweise der rechte M_3 eingefügt worden sei. Durch einen Vergleich mit anderen jungpliozänen und altquartären Bärenzähnen gewinnt man aber leicht die Überzeugung, daß der kritische Zahn doch einem linken Unterkiefer angehörte und somit kein Irrtum vorliegt. Wenn SCHLOSSER gegenteiliger Meinung ist, so ist das wohl darauf zurückzuführen, daß er seine fossilen Funde hauptsächlich mit Resten von *Ursus arctos* von Taubach (heute *Ursus taubachensis*) verglich und sich durch die Umrißverhältnisse der Molaren dieser Art verleiten ließ, den in Frage stehenden M_3 von *Ursus böckhi* für einen rechten Unterkieferzahn zu halten.

Die Innenseite des Zahnes ist gleichmäßig nach außen gewölbt, die Außenseite weist im zweiten Drittel eine seichte Einbuchtung auf. Nach SCHLOSSER lassen sich außer dem Metaconid (lies richtig Protoconid!) keine weiteren ursprünglichen Elemente der Unterkiefermolaren mehr unterscheiden, ... „sonst stellt die Krone bloß eine scharfwandige auf der Oberfläche mit Runzeln versehene Platte dar". Tatsächlich ist das Protoconid das Element, von dem aus die zahlreichen Runzeln der Kaufläche ihren Anfang nehmen. Das Metaconid hat keine besondere Abgliederung erfahren und ist daher nicht deutlich zu erkennen. Das Talonid stellt eine halbkreisförmige, nach dem Mittelpunkt zu sanft abfallende, scharfkantige Platte dar, die in der Nähe des Außenrandes einen niedrigen, dreieckigen Höcker trägt, worin ohne Zweifel das Hypoconid zu erblicken ist. Ein Basalband ist nirgends zur Ausbildung gekommen.

Ursus arvernensis CROIZET et JOBERT = *Ursus minimus* DEVÈZE et BOUILLET.
(Abb. 1—4.)

Das von CROIZET et JOBERT untersuchte Schädelfragment, sowie das BLAINVILLEsche Material (1 Schädelfragment und 2 Unterkiefer) sind bisher die einzigen näher beschriebenen und vor allem auch abgebildeten Gebißreste des Oberpliozänbären von Perrier. Dazu kommen noch die Reste von *Ursus minimus* DEVÈZE et BOUILLET, von welchem heute ziemlich allgemein angenommen wird, daß er mit *Ursus arvernensis* identisch ist. Nach den Prioritätsregeln müßte eigentlich die Bezeichnung *Ursus arvernensis* zugunsten des älteren Namens *Ursus minimus* aufgegeben werden. Da aber *Ursus arvernensis* in der Literatur besser bekannt ist und auch die vollständigeren Fundstücke aus den Ablagerungen des Mont Perrier vorliegen, wollen wir vorläufig noch den von Croizet et Jobert geschaffenen Namen beibehalten.

Wie bereits eingangs erwähnt, besitzt das Paläontologische Museum in Paris Ursidenmaterial von Perrier, das in den neueren Arbeiten bisher viel zu wenig gewürdigt worden ist. Lediglich Depéret erwähnt 2 Unterkiefer, die er bei der Beschreibung seines *Ursus ruscinensis* als Vergleichsstücke benützte. Aus seinen Ausführungen hierüber sei nachstehend das Wichtigste hervorgehoben.

So soll der Mandibelknochen des *Ursus arvernensis* schlanker und weniger stämmig sein als der des *Ursus ruscinensis*. Damit ist allerdings nicht allzuviel anzufangen, da bei den Bären oft beträchtliche Sexualunterschiede zu berücksichtigen sind. Ferner sollen die Prämolaren P_1—P_2—P_3 enger stehen und der Zwischenraum zwischen dem Eckzahn und P_4 mehr verkürzt sein als bei *Ursus ruscinensis* (25 statt 28 mm). Auch dieses Merkmal ist zur Artunterscheidung wenig brauchbar, da es individuellen Schwankungen unterworfen ist und die Differenz von 3 mm überhaupt viel zu gering ist, um ausschlaggebend sein zu können. Ihrer Form und Ausbildung nach sollen die Prämolaren kaum von denjenigen des *Ursus ruscinensis* verschieden sein.

Viel wichtiger ist Depérets Angabe, daß die Molaren bei *Ursus arvernensis* nicht mehr so einfach gebaut seien als bei *Ursus ruscinensis*. M_1 zeigt bei beiden Arten im allgemeinen die gleiche Form und den gleichen Bauplan, aber bei *Ursus arvernensis* befindet sich hinter dem Außenhöcker des Talonids, also hinter dem Hypoconid ein drittes kleines Höckerchen, das beim Bären von Roussillon nur höchst rudimentär angedeutet ist. Als Zeichen einer fortgeschritteneren Entwicklung kann nach Depéret bei *Ursus arvernensis* auch angesehen werden, daß sich der innere Kamm des Zahnes in eine Reihe kleiner Höckerchen aufzulösen beginnt, wodurch der Zahn eine mehr omnivore Struktur bekommt. Sonst aber besteht, wie Depéret wiederholt ausdrücklich bemerkt, im Bau des M_1 kein weiterer Unterschied. Dieser Hinweis ist besonders wichtig; denn er bedeutet, daß auch bei *Ursus arvernensis* noch kein ausgesprochener vorderer Metaconidnebenhöcker existiert.

Auch M_2 von *Ursus arvernensis* verrät nur durch das Auftreten kleiner Nebenhöckerchen seine weiter fortgeschrittene Entwicklung.

An M_3 konnte DEPÉRET überhaupt keinen Unterschied gegenüber *Ursus ruscinensis* mehr feststellen.

Nachdem über *Ursus arvernensis* schon soviel geschrieben und gestritten worden ist und doch noch keine Klarheit darüber besteht, welche Merkmale für diese Art nun wirklich charakteristisch sind, hielt ich es für notwendig, die im Pariser Museum liegenden Unterkieferreste einer ganz gründlichen Untersuchung zu unterwerfen, was bisher leider unterlassen worden war.

Für meine Arbeit standen mir im ganzen 3 Unterkieferfragmente zur Verfügung, nämlich zwei rechte und ein linkes, also dasselbe Material, das bereits DEPÉRET zu seinen Vergleichen diente. Der Erhaltungszustand dieser Stücke ist sehr verschieden. Am wenigsten gut erhalten ist das linke Unterkieferbruchstück, das in der Hauptsache aus dem Ramus horizontalis besteht und nur die drei vordersten Prämolaren, sowie einen Teil von M_1 enthält. Besser erhalten ist ein rechter Unterkieferast, der folgende Zähne aufweist: den äußersten I, C, P_1—P_3, sowie M_2 und M_3, welch letztere allerdings infolge starker Abkauung nicht mehr allzuviele Einzelheiten erkennen lassen. Am besten erhalten ist der zweite rechte Unterkiefer, an dem sich die Gestaltung des Mandibelknochens weitgehend verfolgen läßt. Wenn auch die vordersten Prämolaren fehlen und der Eckzahn im unteren Drittel abgebrochen ist, so liegen doch P_4—M_3 in sehr gutem Erhaltungszustand vor. Durch Kombination des Befundes dieser 3 Stücke sind wir nunmehr in der Lage, den Bauplan der einzelnen Zähne genau zu studieren und schließlich einen Vergleich mit den entsprechenden Zähnen der strittigen Formen durchzuführen.

Zuvor muß ich ausdrücklich feststellen, daß, obwohl es sich um alte Museumsstücke handelt, über deren Zusammengehörigkeit und gleiche Herkunft nicht der geringste Zweifel bestehen kann. Die Übereinstimmung in der Färbung der Knochenteile und Zähne, die Art ihrer Erhaltung und die Beschaffenheit des anhaftenden Sediments lassen einwandfrei erkennen, daß alle Stücke vom gleichen Fundort stammen. Sämtliche Reste tragen außerdem gleiche, bzw. fortlaufende Nummerierung und das besterhaltene Stück eine alte Aufschrift „Ursus de (?) Perrier!". Somit möchte ich nicht daran zweifeln, daß die mir zur Untersuchung übergebenen Stücke tatsächlich zu *Ursus arvernensis* gehören, zumal sie hinsichtlich Größe und Art der Komplikation, bzw. Ausbildung der Zähne gut zu den Oberkieferresten des Croizet-Jobertschen Originales passen.

Abb. 1.   Abb. 2.   Abb. 3.

Abb. 1. *Ursus arvernensis* Croizet et Jobert von Perrier in Frankreich. Rechter Unterkieferast mit P_4—M_3, Außenansicht. Etwa $^4/_7$ natürliche Größe.

Abb. 2. *Ursus arvernensis* Croizet et Jobert. Rechter Unterkieferast wie Abb. 1. Innenansicht. Etwa $^4/_7$ natürliche Größe.

Abb. 3. Zahnreihe P_4—M_3 desselben Stückes von oben. Etwa $^2/_3$ natürliche Größe.

Bei einer genauen Betrachtung der Unterkieferknochen fällt zunächst ihre geringe Höhe auf, worauf schon Depéret aufmerksam gemacht hat. Der Unterrand des Ramus horizontalis verläuft zuerst geradlinig bis zum Beginn des Ramus ascendens. Sodann erfolgt eine Einwärtskrümmung der Unterkante, worauf im Processus angularis die ursprüngliche Richtung wieder erreicht

— 468 —

wird. Über die Form des Processus angularis selbst kann nichts näheres gesagt werden, weil er bei allen 3 Stücken zu stark beschädigt ist. Der Condylus befindet sich nicht sehr hoch über dem Unterrande. Die Fossa masseterica erscheint bei sämtlichen Exemplaren tief und vor allem umfangreich. Die Lage der Foramina mentalia, von denen jeweils zwei, in einem Falle sogar drei (?) vorhanden zu sein scheinen, und ihr gegenseitiger Abstand sind sehr verschieden.

Gehen wir nun zum Gebiß über. Der Eckzahn besitzt eine relativ kräftige Wurzel und eine schlanke, spitzige Krone mit einer auffallenden Hakenkrümmung. Im Querschnitt sind Krone und Wurzel oval. Der einzige vorhandene Eckzahn läßt trotz starker Abnützung doch noch 2 Wülste deutlich erkennen. Der eine befindet sich auf der Vorderseite innen und reicht bis zum Kronenunterrand, der andere erscheint auf der Außenseite und ist etwas kürzer. Ob auch eine Rückenschneide, d. h. ein hinterer Wulst ausgebildet war, läßt sich nicht mehr feststellen.

Die drei vordersten Prämolaren sind einwurzelig wie bei *Ursus ruscinensis*. Ihre Größe nimmt von vorn nach hinten allmählich ab. P_1 steht unmittelbar hinter dem Eckzahn. Seine Wurzel ist schräg nach hinten in den Kiefer eingefügt. Die Krone ist im Umriß oval und im allgemeinen ziemlich niedrig. Der Außenrand ist hochgezogen und gewölbt und trägt im vorderen Abschnitt eine stumpfe, warzenförmige Erhebung.

Abb. 4. *Ursus arvernensis* Croizet et Jobert von Perrier in Frankreich. Rechter Unterkieferast mit äußerstem *I*, C, P_1—P_3, sowie M_2 und M_3. Außenansicht. Etwa $^2/_3$ natürliche Größe.

In einem Abstand von 2,5 bzw. 2,7 mm (gemessen an den Alveolen) folgt P_2, dessen Wurzel weniger schräg gestellt ist und dessen Krone rundlicheren Querschnitt besitzt. Im übrigen gleicht P_2 ganz dem P_1.

Der dritte Prämolar ist von P_2 durch einen Zwischenraum getrennt, der zwischen 3,6 und 3,8 mm schwankt. Der Abstand zwischen P_3 und P_4 beträgt bei zwei der untersuchten Kiefer 5 mm, beim dritten nur 2,5 mm. Die Entfernung zwischen P_4 und dem Eckzahn kann nicht einwandfrei festgestellt werden; Depéret gibt dafür etwa 25 mm an. Schätzungsweise schwankt dieser Wert zwischen 25 und 29,5 mm.

P_4 ist im Gegensatz zu den drei vordersten Prämolaren zweiwurzelig. Sein Umriß ist schlank elliptisch. Der Zahn besitzt in der Mitte der Krone einen Haupthöcker mit leicht nach vorn gebogener hoher Spitze. Vor diesem Haupthöcker steht ein rudimentärer wulstförmiger Vorderzacken, das Paraconid. Nach hinten läuft ein anfänglich wulstiger, sich immer mehr verschwächender Kamm, der sich schließlich in 2 Teilstücke auflöst. Das eine Stück verliert sich bald ganz, das andere strebt dem Hinterrand des Zahnes zu und endet vor einem kleinen Nebenhöcker, dem Metaconid. Am Vorder- und Hinterrande des Zahnes ist ein Innencingulum zu beobachten, dagegen fehlt das Außencingulum entweder ganz oder ist infolge Zerstörung des Schmelzes nicht mehr nachweisbar.

Der für die Artunterscheidung besonders wichtige M_1 ist glücklicherweise ausnehmend gut erhalten und wenig abgenützt, so daß alle Einzelheiten des Zahnbaues gut studiert werden können. Er ist vorn verhältnismäßig schmal, nimmt aber rasch an Breite zu, so daß er im Talonid ziemlich plump wirkt. Das Paraconid bildet einen kräftigen, konischen Höcker, der fazialwärts eine Verbindung zum Protoconid anstrebt. Das Protoconid selbst, ein großer, massiger Höcker, neigt sich leicht nach vorne. Seine Hinterkante ist gegen die Zahnmitte zu gerichtet, seine Vorderkante dagegen läuft nahezu parallel mit dem Zahnrande und trifft im Grunde der Randkerbe auf die Hinterkante des Paraconids. Dem Paraconid schräg distal gegenüber liegt das kräftige Metaconid, das fast die gleiche Höhe aufweist wie das Paraconid. Erst bei genauerem Hinsehen beobachtet man vor dem Metaconid noch ein überaus winziges Höckerchen, welches ein Prometaconid andeutet.

Die Schmelzoberfläche im Bereiche der großen Depression zwischen Trigonid und Talonid ist fast glatt bis auf einen niedrigen Grat, der in einzelne Wärzchen aufgelöst ist und die Verbindung zum Talonid herstellt.

Am Talonid ist das Hypoconid am besten entwickelt. Dasselbe wird von einem kräftigen Höcker gebildet, dessen Spitze nach vorn und hinten je einen deutlichen Grat aussendet. Am Ende des hinteren Grates erhebt sich ein kleiner Nebenhöcker. Von der Hypoconidspitze gehen außerdem zwei kleinere, kurze Kämme aus, die nur wenig nach innen divergieren. Das Entoconid stellt einen kräftigen, konisch geformten Höcker dar, der nach allen Seiten hin frei.abfällt. Ein Cingulum kann nur auf der Außenseite beobachtet werden, vor allem am Talonid und am Vorderende des Trigonids. Besonders hervorgehoben zu werden verdient die starke, auf die Außenseite des Zahnes beschränkte Runzelung des Schmelzes.

Der zweite Molar (M_2) bildet im Umriß ein regelmäßiges Oval. Sein Paraconid ist zwar nur schwach entwickelt, aber doch deutlich als ein breitgezogenes Gebilde auf dem Zahnvorderrand zu erkennen. Gegen die linguale Seite zu fällt der Zahnrand etwas ab, dagegen erfolgt plötzlich ein starker Anstieg gegen das Metaconid zu. Dieses selbst überragt alle anderen Elemente der Zahnkrone und bildet einen kräftigen, spitzigen Höcker, der einen scharfen Kamm kauflächeneinwärts schickt. Vor dem Metaconid befindet sich ein schwächerer spitzer Nebenhöcker, dem wieder zwei kleine wärzchenförmige Gebilde vorgelagert sind. Der gratartige hintere Abfall des Metaconids zeigt in kurzer Entfernung vom Gipfel eine kleine Anschwellung, die aber zur Ausbildung eines Nebenhöckers nicht ausreicht. Das Protoconid liegt dem Metaconid genau gegenüber, erhebt sich vom Paraconid aus in ganz allmählichem Anstieg und ist stumpf und ziemlich niedrig. Es entsendet ähnlich wie das Metaconid einen, wenn auch nur wenig auffallenden Grat gegen die Kauflächenmitte. Die kammartigen Verlängerungen des Protoconids erfahren an ihrem jeweiligen Ende eine leichte Anschwellung, ohne daß ein besonderer Nebenhöcker ausgebildet wird.

Der linguale Rand des hinteren Zahnteils zeigt 2 Höcker von ziemlich gleichmäßigem Bau und gleicher Größe, so daß schwer zu entscheiden ist, welcher von beiden das eigentliche Entoconid darstellt und welcher als Nebenhöcker anzusprechen ist. Den Schluß der Entoconidpartie bildet ein deutlich abgegliedertes Nebenhöckerchen, dem nach der Umbiegung zum Zahnhinterrand noch mehrere winzige Schmelzwärzchen folgen.

Wie das Entoconid, so ist auch das Hypoconid samt seiner nach innen gerichteten Verbreiterung (Sekundärhöcker) ziemlich niedrig. Ohne Zwischenschaltung von irgend welchen Nebenhöckerchen steigt der Zahnrand langsam bis zur Spitze des

Hypoconids empor, um dann in gleicher Weise auf der anderen Seite wieder abzufallen.

Die von den verschiedenen Höckern eingerahmte Kaufläche des M_2 ist nahezu glatt und läßt keinerlei Feinskulptur erkennen. Dies gilt auch für den großen Nebenhöcker, der dem Hypoconid vorgelagert und von diesem durch zwei unscheinbare Eindellungen nur undeutlich abgegliedert ist. Die Runzelung des Zahnschmelzes ist ebenfalls auf die faziale Seite beschränkt und hier ebenso gut ausgebildet wie bei M_1. Ein Außencingulum tritt nur stellenweise in Erscheinung.

Schließlich soll nicht unerwähnt bleiben, daß die Kaufläche eine fast kreisrunde Vertiefung von etwa 4 mm Durchmesser aufweist, die wohl nur auf eine kariöse Zerstörung des Zahnschmelzes zurückgeführt werden kann.

Der dritte Unterkiefermolar (M_3) zeigt im großen und ganzen rundlich eiförmigen Umriß. Der Vorderrand ist gerade, der Hinterrand stark gerundet und verschmälert. Auch der Innenrand ist, namentlich bei dem einen der beiden vorliegenden Exemplare, kräftig gewölbt, während die faziale Seite des Zahnes wieder nahezu gerade verläuft und höchstens die Andeutung einer Eindellung aufweist. Das Kronenrelief ist einfach gebaut. Ein Paraconid ist nicht ausgebildet. Durch leichte Kerben ist lediglich eine Aufgliederung in verschiedene wärzchenartige Gebilde erfolgt. Das dem Vorderrand ziemlich nahe gerückte Metaconid besteht aus einem einfachen Randhöcker, der sich nur wenig erhebt. Der hintere Teil des Zahninnenrandes erscheint durch kleine Einkerbungen wie gezähnelt. Insgesamt sind etwa acht winzige Wärzchen zu zählen, von denen das größte vielleicht als Entoconid gedeutet werden kann. Am besten ausgebildet ist die Protoconidpartie, die sich bis weit über die Zahnmitte hinaus erstreckt. Vom Protoconidgipfel strahlen verschiedene Grate und Kämme aus, die unten durch weitere Teilung eine starke Runzelung hervorrufen. Der Innenabfall der lingualen Randpartie dagegen ist nahezu glatt. Eine tiefe, schmale Kerbe, die sich auch im Verlauf des Zahnrandes bemerkbar macht, trennt das Protoconid vom Hypoconid. Der Abfall des Hypoconids nach innen läßt nur eine ganz schwache Runzelung erkennen. In den Hinterrand des Zahnes geht das Hypoconid ohne jede weitere Gliederung über. Die Runzelung des Zahnschmelzes beschränkt sich wie bei den anderen Molaren auf die faziale Seite. Ein Cingulum ist nirgends angedeutet.

Nach dieser ausführlichen Beschreibung des pliozänen Bären
von Perrier wollen wir nun zur Betrachtung der kleinen altquartären Ursiden Deutschlands übergehen. Absichtlich wird der zuletzt gemachte Fund von Bammental bei Heidelberg allen älteren
Funden vorausgestellt; denn erstens zeigt die Bezahnung den
besten Erhaltungszustand und zweitens möchte Verfasser unbe-
einflußt von den Ausführungen anderer Autoren über altquartäre
Bärenfunde gerade an Hand des Bammentaler Unterkieferrestes
die charakteristischen Merkmale dieser kleinen Bären besonders
scharf herausarbeiten. So wird wohl manche Unklarheit beseitigt
werden können, die bisher noch wegen des mangelhafteren Er-
haltungszustandes der meisten hierher gehörigen Funde bestand,
und wir dürfen auch hoffen, daß das Problem der Artzugehörigkeit
des strittigen Bären endgültig gelöst werden kann.

Der Unterkieferrest von Bammental.
(Abb. 5—8.)

Das im Jahre 1937 aus den Ablagerungen der Sandgrube am
Wolfsbuckel bei Bammental gewonnene Unterkieferbruchstück hat
ganz besonderen Wert, weil es sich durch seine außergewöhnlich
gute Erhaltung vor allen anderen derartigen Funden auszeichnet.
Erhalten sind große Teile des horizontalen Astes, ferner der Processus angularis und Processus condyloideus. Der vordere Teil
mit der Symphysenregion fehlt, weshalb die Alveole des Eckzahns vollständig frei liegt. Der bei der Auffindung des Restes
zweifellos noch vorhandene Processus coronoideus ist offenbar erst
bei der Bergung seitens der Grubenarbeiter abgebrochen und ver-
loren gegangen. Von der Bezahnung liegen in ausgezeichneter
Erhaltung vor: Der Eckzahn, ferner P_4, M_1 und M_2. Dagegen sind
bedauerlicherweise die vorderen Prämolaren und M_3 ausgefallen.
Immerhin lassen die noch vorhandenen Alveolen die Lage und
Stellung der Prämolaren und ihre gegenseitige Entfernung voneinander und vom Eckzahn sehr gut erkennen. Die geringe Abkauung der Zähne, welche alle Einzelheiten im Zahnbau unversehrt
gelassen hat, zeigt, daß der Kiefer einem ziemlich jungen Tiere
angehörte. Dem entspricht auch, daß der Eckzahn an seiner Wurzel nicht geschlossen ist, sondern noch eine große Pulpenöffnung
aufweist.

Der Mandibelknochen ist niedrig und langgestreckt und kann
daher als chthamalognath bezeichnet werden. Der Unterrand zeigt

im allgemeinen einen geradlinigen Verlauf. Die Krümmung beginnt erst unterhalb der Alveole des M_3 und setzt sich dann in schönem Schwung nach hinten oben fort. Außer der Krümmung macht sich auch noch eine Einwärtsbiegung der Unterkante

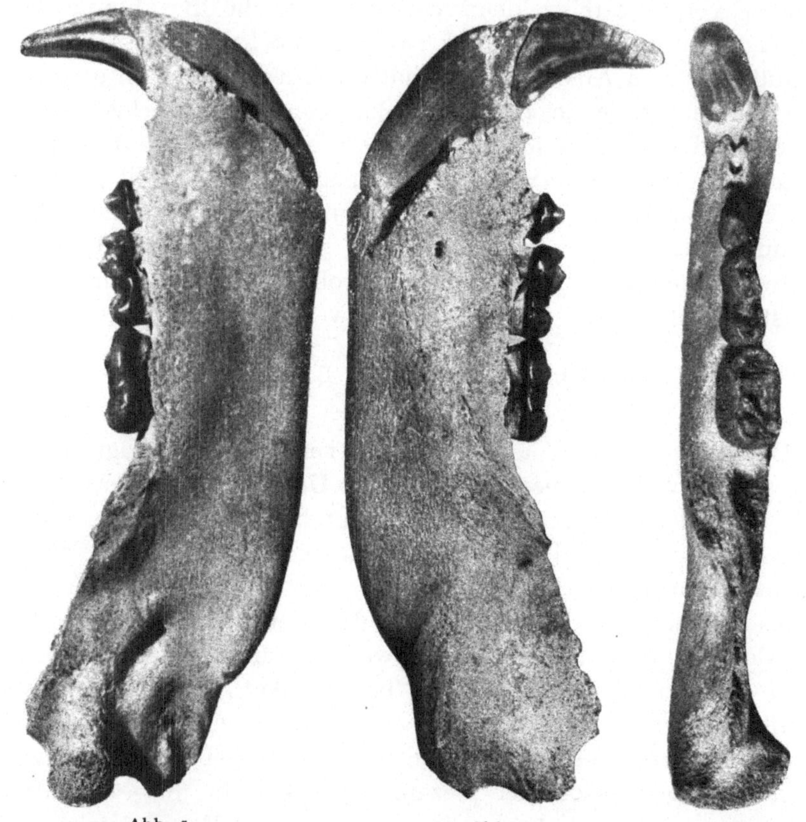

Abb. 5.   Abb. 6.   Abb. 7.

Abb. 5. *Ursus (Plionarctos) stehlini* KRETZOI von Bammental bei Heidelberg. Linker Unterkieferast mit C, P_4—M_2. Innenansicht. Etwa $^2/_3$ natürliche Größe.

Abb. 6. *Ursus (Plionarctos) stehlini* KRETZOI von Bammental bei Heidelberg. Linker Unterkieferast wie Abb. 5. Außenansicht. Etwa $^2/_3$ natürliche Größe.

Abb. 7. Zahnreihe C, P_4—M_2 desselben Stückes von oben. Etwa $^2/_3$ natürliche Größe.

bemerkbar, die mit einem zackenähnlichen Gebilde auf der Innenseite unterhalb des Foramen alveolare posterius endet. Der Processus angularis beginnt auf der Außenseite der Mandibel mit einem deutlichen Kamm, der sich auch im weiteren Verlauf dieses Knochenteils verfolgen läßt. Trotz gewisser Beschädigungen ist gut zu erkennen, daß der Processus angularis spornförmig nach einwärts gerichtet ist und auf der Innenseite eine löffelartige

Aushöhlung erfahren hat. Der Condylus ist verhältnismäßig niedrig und breit; doch scheint seine ursprüngliche Form bei der Verfrachtung des Knochens durch Abrollung stark verändert worden zu sein. Die Fossa masseterica ist verhältnismäßig seicht und erstreckt sich offenbar weit in der Richtung auf den Processus coronoideus zu, der leider verlorengegangen ist. Von den drei vorhandenen Kinnlöchern befindet sich ein sehr kleines etwa unterhalb der hinteren Wurzel von P_4, während zwei größere unterhalb der vorderen Wurzel von M_1 liegen und lediglich durch eine schwache Knochenlamelle voneinander getrennt sind. Die Alveole für P_1, die sich unmittelbar neben dem noch vorhandenen Eckzahn befindet, ist etwa 4 mm lang und 3,2 mm breit. Ohne nennenswerte Zwischenräume folgen die Alveolen für P_2 und P_3. Erstere ist 4 mm lang und 3 mm breit, letztere mißt in der Länge 4,2 mm, in der Breite 2,4 mm und ist etwas quer gestellt. Zwischen der Alveole für P_3 und dem gut erhaltenen P_4 befindet sich ein ganz kleiner Zwischenraum von etwa 1,5 mm. Die Prämolaren standen also ziemlich dicht gedrängt nebeneinander und bildeten mit dem Eckzahn und den Molaren eine gleichmäßig fortlaufende Reihe.

Abb. 8. *Ursus (Plionarctos) stehlini* KRETZOI von Bammental bei Heidelberg. Eckzahn des auf Abb. 5—7 dargestellten linken Unterkieferastes. Etwa ²⁄₃ natürliche Größe.

Der Eckzahn ist durch seine scharfe Hakenkrümmung, durch die rasche Verjüngung der Krone, sowie durch die schlanke Gesamtform gut charakterisiert. Der Querschnitt der Kronenbasis bildet ein deutliches Oval. Auch die Wurzel ist im Querschnitt oval geformt, wenn auch in der Längsrichtung etwas komprimiert. Auf der Innenseite der Wurzel erscheint unten eine breite, seichte Furche, die den gleichmäßigen Verlauf des ovalen Umrisses etwas stört. Die Schmelzkappe trägt vorn und hinten je einen rundlichen bis kantigen Wulst, ferner auf der Außenseite eine kurze Kante, die sich von der Spitze bis etwa ins oberste Drittel der Krone erstreckt. Die beiden größeren Wülste laufen von der Basis bis nahe an die Spitze. Der hintere Wulst liegt ziemlich genau in der Mitte der Zahnkrone, der vordere ist etwas lingualwärts gerückt. Die Schmelzkappenbasis wird durch die beiden Wülste etwas beeinflußt, d. h. sie zieht sich bei Annäherung an die beiden Wülste ein wenig nach oben. Fazial reicht sie etwas tiefer hinab als lingual. Der tiefste Punkt liegt vor dem hinteren Wulst.

Der hinterste Prämolar (P_4) ist ziemlich einfach gebaut und unterscheidet sich nur sehr wenig vom entsprechenden Zahn des Braunbären. Sein Umriß ist schmal elliptisch. Die äußere, stark gerundete Seite zeigt im vorderen Drittel eine kleine Eindellung. Die innere Zahnseite ist mehr oder weniger konkav gekrümmt. Die Zahnkrone wird durch das kräftige Protoconid beherrscht, das in seiner Grundform einen einfachen, oben abgerundeten Kegel darstellt. Diesem Kegel sind 2 Längskämme aufgesetzt, wodurch er seitlich zusammengedrückt erscheint. Der vordere, schwächere Kamm beginnt etwas unterhalb der Spitze, biegt im weiteren Verlauf nach innen ein und verliert sich zuletzt am Vorderrand des Zahnes. Ein Paraconid fehlt. Der hintere Kamm ist kräftiger entwickelt und verursacht eine auffallende Vergrößerung der Protoconidspitze. Während er, von außen gesehen, kaum in Erscheinung tritt, ist er nach innen sehr deutlich abgesetzt. Etwa in halber Höhe gabelt er sich in 2 Äste, von denen der äußere als Hauptast ziemlich gerade gegen das Zahnende zu verläuft, während der innere, kürzere, schwach bogenförmig gekrümmte Nebenast schon weit früher in flachem Auslauf endet. Zwischen den beiden Kämmen befindet sich eine auffallende Vertiefung. Die Spitze des Protoconids liegt, von oben gesehen, ziemlich genau auf der Mittellinie des Zahnes. Da diese Spitze etwas nach vorn verschoben ist, so fällt die vordere Seite steiler ab als die hintere. Dicht neben dem Ende des vom Protoconid ausgehenden Hauptastes der Hinterkante befindet sich ein schwach ausgebildeter, wärzchenartiger Nebenhöcker. Ohne Zweifel handelt es sich hier um die erste Andeutung eines Metaconids, das als Element des Cingulums aufgefaßt werden darf. Weitere Höcker sind nicht vorhanden. Ebenso vermißt man ein eigentliches Cingulum, wenn es auch durch einige knötchenförmige Anschwellungen am Hinterrand des Zahnes schwach angedeutet wird. Die Zahnbasis ist durchaus eben. Von den beiden Zahnwurzeln verläuft die vordere und schwächere ziemlich gerade, die hintere, stärker entwickelte Wurzel steckt etwas schräg im Kieferknochen.

Der erste Molar (M_1) hat im Umriß auf der lingualen Seite einen ziemlich geradlinigen Verlauf, wenn man von einer kleinen Eindellung in Höhe des Metaconids absieht. Auf der fazialen Seite ist gerade der Rand der Trigonidpartie von der stark vorgewölbten Hypoconidpartie durch eine schwache Einschnürung getrennt. Das Kronenrelief zeigt deutlich die Dreigliederung in Paraconid, Protoconid + Metaconid und Talonid. Das Paraconid ist ein kräftiger Höcker von kegelförmiger Gestalt, der nach der lingualen Seite hin frei steht. Auf der fazialen Seite zieht eine scharfe, nach unten sich lamellenartig verbreiternde Kante von der Spitze herab gegen die vordere Depression. Durch diese Kante wird das Paraconid deutlich an die Protoconidpartie angegliedert und stark in den Kronenaußenrand eingebaut. Das Protoconid, der am kräftigsten entwickelte Teil der Krone, bildet einen massigen Höcker, dessen Gipfel mehr der vorderen Randkerbe als der Hauptdepression genähert ist. Infolgedessen erscheint die vordere Kante, die den Anschluß an das Paraconid vermittelt, etwas stärker geneigt als die hintere. Diese biegt in auffallender Weise nach der Zahnmitte zu ein und stößt dort auf die vom Metaconid ausstrahlende Hinterkante. Durch dieses Zusammentreffen der beiden Kanten entsteht der Eindruck eines vollständig geschlossenen Trigonids. Die Metaconidpartie besteht aus zwei deutlichen Höckern, die noch niedriger sind als das Paraconid. Der Gipfel des eigentlichen Metaconids liegt dem Protoconid schräg distalwärts gegenüber. Der vor dem Metaconid stehende Nebenhöcker übertrifft den Haupthöcker etwas an Größe. In der großen Einkerbung zwischen dem Sekundärhöcker und dem Paraconid befindet sich eine kleine, warzenähnliche Erhebung.

Die Depression zwischen Trigonid und Talonid wird etwas gemildert durch die gratartig weiterlaufende Hinterkante des Metaconids, sowie durch ein langgezogenes, schmales Sekundärhöckerchen auf der Außenseite des Protoconids. Zwischen diesen beiden nach hinten abfallenden Elementen befindet sich ein tiefer Graben, der sich gegen das Talonid zu öffnet. Das Hypoconid stellt, von außen gesehen, einen langgezogenen, wallartigen Höcker dar, der kaum über den allgemeinen Zahnrand hinausragt, also noch wesentlich niedriger ist als das Paraconid und Metaconid. Es fehlt jede Andeutung eines Sekundärhöckers, doch ist eine tiefe Rille vorhanden, die auf den Graben zustrebt, der von dem Sekundärhöcker des Protoconids und der Hinterkante des Metaconids eingefaßt wird. Von oben gesehen erscheint das Hypoconid als ein hufeisenförmig verlaufender Grat. Die Hinterkante des Hypoconids erstreckt sich ohne Unterbrechung bis zum

Entoconid. Dieses selbst ist ein einfacher kegelförmiger Höcker von etwa gleicher Höhe wie das Hypoconid. Auch hier sind keine Nebenhöcker vorhanden. Die Einbuchtung zwischen Metaconid und Entoconid verläuft breit sattelförmig. Hypoconid und Entoconid sind einander stark genähert und nur durch ein schmales, tiefes Tal etwas voneinander getrennt. Weil die verschiedenen Höcker mit ihren Hinterkanten fast durchweg gleiche Höhe haben, ist das Talonid deutlich geschlossen. Ein Cingulum ist an M_1 nicht zu sehen. Die vordere Zahnwurzel ist etwa halb so stark als die hintere.

Der zweite Molar (M_2) bildet im Umriß ein Oval, das vorne nur wenig schmäler ist als hinten. Die linguale Wand verläuft ziemlich gerade, und der Kronenrand ist schön gleichmäßig gewölbt. Die faziale Wand ist auf etwa $^2/_3$ der Gesamtlänge stark abgeschrägt, doch zeigt sich im Umriß keine nennenswerte Eindellung. Das Paraconid ist nur schwach entwickelt. Es bildet im vordersten Teil des Zahnes eine schwache Anschwellung mit einer kleinen Einkerbung und fällt daher auf dem allseitig etwas erhöhten Zahnrand nicht besonders auf. Lingualwärts schließen sich drei weitere kleine, höckerartige Anschwellungen an, die ebenfalls nur dem erhöhten Zahnrand aufsitzen. Das Metaconid, der stärkste Höcker des Zahnes, überragt das gegenüberliegende Protoconid um ein beträchtliches Stück. Auch ist es spitzer geformt, stärker aus der eigentlichen Zahnwand hervortretend und mehr gegen die Kaufläche zu gerückt als das Protoconid. Wie dieses sendet es gegen die Mitte der Kaufläche zu einen kurzen Grat, an welchem der vordere Zahnteil stark abfällt. Hinter dem Metaconid erhebt sich, wieder besser in die Zahnwand eingegliedert, ein kräftiger, langgezogener Sekundärhöcker. Die vordere Schneide des Protoconids steigt langsam zum Gipfel an, der sich nicht viel über den allgemeinen Zahnrand erhebt. Die nahezu gerade hintere Schneide läuft schwach abfallend bis zu einer wenig deutlich ausgeprägten Kerbe hin, die Protoconid- und Hypoconidregion voneinander trennt. Vom Gipfel des Protoconids zieht ein kräftiger Querkamm fast im rechten Winkel auf den schon erwähnten Grat des Metaconids zu. Ein weiterer Grat zweigt vom Hinterabfall des Protoconids ab und läuft in diagonaler Richtung gegen die Zahnmitte zu, wo er eine Knickung erfährt, um dann auf das Entoconid hinzuziehen. Diese Abzweigung beginnt etwa 3 mm unterhalb des Protoconidgipfels und verursacht keine Knickung der Kontur des

hinteren Protoconidfortsatzes, wie dies bei anderen Bärenarten
(z. B. *Ursus spelaeus*) der Fall ist. Am hinteren Teil des M_2 erhebt
sich der faziale Rand gleich nach der Grenzkerbe zum schwachen,
leicht nach vorne geneigten Hypoconid. Sowohl der kurze Vorderrand wie auch der weitausgreifende Hinterrand sind vollkommen
glatt und lassen keinerlei Andeutungen von Sekundärhöckerchen
erkennen. Dagegen befindet sich zahneinwärts, d. h. gegen die
Kaufläche zu, ein ziemlich kräftiger Sekundärhöcker, vom eigentlichen Hypoconid getrennt durch mehrere tiefe Gräben. Dieser
Höcker erscheint leicht zweigeteilt durch eine Eindellung, die durch
das Vorspringen des Hypoconidgipfels verursacht wird. Gegen das
Hypoconid zu fällt er steil ab. Dagegen ist der Abfall auf der in-
neren Seite ein ganz allmählicher. Ausgezeichnet ist der Hypo-
conidnebenhöcker ferner durch eine reiche Gliederung; denn er
besitzt nicht weniger als vier kräftige, von der Spitze ausstrahlende
Leistchen, zwischen denen sich seichte Mulden befinden. Etwas
höher als das Hypoconid erhebt sich im lingualen Rand des
Zahnes das Entoconid. Ein schwaches Sekundärhöckerchen
hinter dem Entoconid vermittelt den Anschluß zur Hypoconidpartie. Ein zweiter stärkerer Höcker, fast ebenso groß wie
das Entoconid, ist dem Metaconid so weit genähert, daß man
ihn ebensogut als Teil dieser Partie betrachten könnte. Zwischen
ihm und dem eigentlichen Entoconid befindet sich schließlich
noch ein drittes, zwar kleineres, aber doch deutlich wahrnehm-
bares Höckerchen.

Die Kaufläche des M_2 läßt nur wenig Feinskulptur erkennen.
Ein größeres Wärzchen erhebt sich im vorderen Teil des Trigonids, je ein kleineres in der Nähe des fazialen, bzw. lingualen
Zahnrandes. Hinter den Querkämmen des Protoconids und Metaconids ist die etwas nach hinten geneigte Fläche fast glatt. Der
linguale Teil der Kaufläche erfährt eine starke Einengung durch
den sich weit hereinschiebenden Nebenhöcker des Hypoconids und
durch den diagonalen Grat, der von der Hinterkante des Protoconids ausstrahlt. Ein kleines Wärzchen steht zwischen dem Ende
des soeben erwähnten Grates und dem mittleren Nebenhöcker
des Entoconids, sechs weitere befinden sich etwas unregelmäßig
verteilt zwischen dem Hypoconid-Nebenhöcker, dem Entoconid
und dem hinteren Zahnrand. Wie M_1 besitzt auch dieser Zahn
kein Cingulum. Desgleichen ist bei beiden Zähnen die vordere
Wurzel wesentlich schwächer als die hintere.

Die Unterkieferreste aus den Sanden von Mauer.
(Abb. 9.)

In der mehrfach erwähnten Arbeit über die Carnivoren von Mauer hat Rüger (1928) darauf aufmerksam gemacht, daß der unter dem Namen *Ursus arvernensis* bekannt gewordene kleine Bär in den alten Neckarablagerungen durchaus nicht so häufig auftritt, als bisher vielfach angenommen wurde. Diese Feststellung deckt sich mit meinen eigenen Beobachtungen. So ist denn die Zahl der Kleinbärenreste, die im Laufe vieler Jahrzehnte geborgen werden konnten, recht bescheiden geblieben. Das in den Sandgruben von Mauer gefundene Material, das heute in den Sammlungen und Museen von Heidelberg, Hildesheim, Stuttgart und Tübingen zerstreut liegt, setzt sich aus folgenden Stücken zusammen:

1 vollständig erhaltener linker Unterkieferast mit C, P_4—M_3 (Stuttgart),

1 ebenfalls gut erhaltener rechter Unterkieferast, jedoch nur mit dem Eckzahn (Tübingen),

1 rechtes Unterkieferbruchstück mit C, P_4 und M_1 (Hildesheim),

1 linkes Unterkieferbruchstück mit C, P_4 und M_1 (Heidelberg),

1 rechtes Unterkieferbruchstück mit C (Heidelberg),

1 rechter Eckzahn, 2 linke Eckzähne, 1 linker M_2 (Heidelberg),

1 rechter, 1 linker Eckzahn, sowie die Krone eines weiteren Eckzahns (Hildesheim).

Hinzu kommt 1 Mandibelramus (Privatsammlung Freudenberg, 1914).

Für unsere Untersuchungen ist der in Stuttgart aufbewahrte, vollständig erhaltene linke Unterkieferast der wichtigste Rest, weil an ihm der Bau des Mandibelknochens am besten studiert werden kann. Eine kurze Beschreibung dieses Fundstückes gab schon früher v. Reichenau (1906), der den Kiefer als mesognath bezeichnete. Tatsächlich fällt die Höhe des Kieferknochens bei relativer Kürze auf; denn sie übertrifft nicht nur die Reste des echten *Ursus arvernensis* von Perrier, sondern auch den bereits ausführlich beschriebenen Bammentaler Kiefer. Allerdings muß dabei berücksichtigt werden, daß das Stuttgarter Exemplar einem völlig erwachsenen, das Bammentaler Stück hingegen einem noch jugendlichen Tiere angehörte. Wir geben nachstehend eine etwas ausführlichere Beschreibung des Stuttgarter Unterkiefers. Der

Ramus horizontalis wirkt durch seine Höhe auffallend kurz. Der
Processus angularis verläuft spornförmig nach oben und ist mit
zahlreichen Rauhigkeiten und außerdem auf der Innenseite mit
einer starken Knochenlamelle besetzt, die das hohe Alter des
Tieres deutlich verraten. Der Processus condyloideus erhebt sich
nur wenig über den Processus angularis und ist auffallend breit.
Der Ramus ascendens steigt in schönem Schwung zur Spitze des
stark nach rückwärts geneigten Processus coronoideus empor und

Abb. 9. *Ursus (Plionarctos) stehlini* KRETZOI von Mauer bei Heidelberg. Vollständiger
linker Unterkieferast mit C, P_4—M_3. (P_4 falsch aufgesetzt), Außenansicht. Etwa $^1/_2$ natürliche Größe. Original zu v. REICHENAU, Abh. Hess. Geol. L. A. H. 2, Darmstadt 1906,
Tafel VI, Fig. 2 und Tafel VIII, Fig. 4.

senkt sich dann in einem bogenförmigen Ausschnitt zum Processus condyloideus herab. Die Fossa masseterica ist trotz an-
fänglicher starker Einsenkung doch recht flach geblieben. Die
beiden Foramina mentalia, die unter der Alveole des P_2 und dem
vorhandenen P_4 liegen, sind ziemlich groß.

Die ursprüngliche Größe der Alveolen der ausgefallenen Prämolaren P_1—P_3 läßt sich wegen der starken Abschleifung des
betreffenden Kieferteiles, bzw. wegen erfolgter Verwachsungen
nicht mehr genau bestimmen. Die Alveole für P_1 (5,9 mm Länge
und 3,9 mm Breite) ist vom Canin nur 1,8 mm entfernt. Die auffallend kleine Alveole für P_2 (2,8 mm Länge und 2,1 mm Breite)
folgt in einem Abstand von 8,7 mm. Die dritte Alveole (3,0 mm
Länge und 2,4 mm Breite) ist von der zweiten 4,5 mm entfernt.
Der Abstand zwischen P_3 und P_4 läßt sich ebenfalls nicht genau
ermitteln, da der letztgenannte Zahn vollkommen falsch im Kiefer

sitzt. v. Reichenau spricht von einem mit der Krone schief nach vorne unten verschobenen P_4. In Wirklichkeit wurde der ursprünglich abgebrochene Zahn bei der Präparation verkehrt aufgesetzt, d. h. vorn und hinten vertauscht. Dieser Irrtum wurde bisher weder von v. Reichenau, noch von anderen Betrachtern bemerkt. Außerdem ist die Befestigung des Zahnes so unsachgemäß vorgenommen, daß man sich des Gedankens nicht erwehren kann, es könnte auch eine teilweise Verschmierung der Alveolen mit erfolgt sein. Die angegebenen Alveolen-Maße mahnen also zur Vorsicht. Sicher ist nur, daß die einzelnen Prämolaren weiter auseinanderstanden als beim Bammentaler Bären, was aber zweifellos auch auf den Altersunterschied der Individuen zurückgeführt werden muß.

Da die noch vorhandenen Zähne, vor allem aber die Molaren, samt und sonders stark abgekaut sind, lassen sich die Einzelheiten des Zahnbaues kaum mehr richtig erkennen. Es war daher etwas gewagt, den Unterkieferrest von Mauer ohne weiteres mit dem französischen *Ursus arvernensis* des Oberpliozäns in Verbindung zu bringen, wie dies v. Reichenau tat, der weder die Originale noch die Abbildungen dieser Art jemals zu Gesicht bekommen hat.

Besonders stark abgenützt ist der Eckzahn, dem etwa $^1/_3$ seiner ursprünglichen Größe fehlt. Die übrigen Zähne stimmen weitgehend mit dem Gebiß des Bammentaler Bären überein. An P_4 läßt sich feststellen, daß der Hauptast des hinteren Protoconidkammes nach der Gabelung mehr nach innen gebogen und kräftiger entwickelt ist als am gleichen Zahn des Bammentaler Bären. Am M_1 fällt besonders das kräftige Prometaconid auf. Am M_2 ist wegen der starken Abkauung von der ursprünglichen Beschaffenheit der Krone nicht mehr viel zu sehen. Die spärlichen Reste der einstigen Zahnskulptur lassen aber vermuten, daß der Zahn denselben Bau hat wie M_2 des Bammentaler Ursiden. M_3 ist im Umriß verkehrt eiförmig. Seine vordere Zahnwand erscheint abgeplattet. Das Zahnende ist stark verbreitert und abgerundet, der linguale Rand kräftig vorgewölbt und die faziale Seite nahezu geradlinig. Das Kronenrelief läßt wegen der Abkauung ebenso wenig erkennen wie beim M_2. Nur die einst vom Gipfel des Protoconids ausstrahlenden Grate und Kämme, die weit in die Kaufläche hineinlaufen, lassen sich noch verfolgen.

Sowohl das im Roemer-Museum zu Hildesheim aufbewahrte rechte Unterkieferfragment als auch der in Heidelberg befindliche

Rest eines linken Unterkieferastes, den RÜGER beschrieben hat, stimmen im Knochenbau weitgehend mit dem Stuttgarter Rest überein. Sie haben ungefähr die gleiche Kieferhöhe und auch die gleiche Lage des hinteren Foramen mentale, während das vordere sich mehr unter P_3 befindet. Am Hildesheimer Exemplar, das mir nur als Gipsabguß vorlag, wagte ich es nicht, die Maße der Alveolen und ihrer Entfernung untereinander abzunehmen. Am Heidelberger Fundstück messen:

Alveole für P_1: Länge 7,4 mm; Breite 4,8 mm,
Alveole für P_2: Länge 5,0 mm; Breite 3,7 mm,
Alveole für P_3: Länge 5,1 mm; Breite 3,2 mm,

Entfernung zwischen P_1 und P_2: 3,0 mm,
Entfernung zwischen P_2 und P_3: 2,1 mm,
Entfernung zwischen P_3 und P_4: 3,0 mm.

Die Zähne selbst weichen kaum untereinander ab, auch nicht gegenüber dem zuletzt gefundenen Rest von Bammental, worauf schon wiederholt aufmerksam gemacht wurde. Kleinere Abweichungen, die man bei ganz kritischer Betrachtung vielleicht bei P_4 und M_1 beobachten könnte, haben kaum eine größere Bedeutung. An dieser Stelle möchte ich noch auf einen kleinen Irrtum aufmerksam machen, der sich bei der Beschreibung des Metaconids von M_1 in der mehrfach erwähnten Arbeit von RÜGER eingeschlichen hat. RÜGER betrachtet nämlich dieses Metaconid als einen einzigen, langgestreckten Höcker, während sämtliche Reste von Mauer und erst recht der von Bammental bei genauerer Betrachtung zwei getrennte Höcker in der Metaconidpartie erkennen lassen. Der Irrtum dürfte wohl darauf zurückzuführen sein, daß der von RÜGER beschriebene Zahn dieses überaus wichtige Merkmal wegen allzu starker Abkauung nicht mehr gut zeigt.

Etwas größer sind die Unterschiede im Zahnbau, die sich bei einem Vergleich des von RÜGER beschriebenen isolierten linken M_2 mit dem entsprechenden Zahn des Bammentaler Bären ergeben. So fehlt am Mauerer Zahn eines der beiden Sekundärhöckerchen, die am Bammentaler Zahn vor dem Entoconid ausgebildet sind. Auch ist der innen neben dem Hypoconid gelegene Sekundärhöcker schwächer als am Bammentaler Zahn. Er tritt kaum mehr als Hügel in Erscheinung, sondern muß eher als ein nach beiden Seiten hin abfallender Grat bezeichnet werden. Ferner behält der vom Protoconidhinterrand abzweigende Sattel nicht so lange die

diagonale Richtung bei, als dies beim Bammentaler Zahn der
Fall ist.

Die Eckzähne der kleinen Ursiden aus den Sanden von Mauer
gehören zum Teil sehr jugendlichen, zum Teil aber auch mehr
ausgewachsenen Tieren an. So verrät der von RÜGER Abb. 6,
S. 216 abgebildete rechte Canin, sowie ein im Jahr 1938 gebor-
gener linker Eckzahn durch den geringen Abkauungsgrad und die
noch nicht geschlossene Wurzel mehr jugendliches Alter. Beide
stimmen mit dem jugendlichen Bären von Bammental gut überein. Dagegen gehörte der ebenfalls von RÜGER auf Tafel IX, Fig. 3
abgebildete Zahn einem älteren, mindestens schon ausgewachsenen
Tier an. Das beweist die stärkere Abkauung, die schon die meisten
feineren Einzelheiten der Zahnkrone etwas verschwinden ließ.
Das gleiche gilt für den Eckzahn eines linken Unterkiefers, bei
dem sogar die Schmelzkappe und das Dentin der starken Abkauung zum Opfer gefallen sind.

Wirklich greifbare Unterschiede konnten auch im Bau des Eckzahns nicht festgestellt werden. Es unterliegt daher keinem Zweifel, daß sämtliche in den Mauerer Sanden gefundenen Reste Tieren
der gleichen Art zugeschrieben werden müssen.

Die Bärenzähne aus den Mosbacher Sanden bei Mainz.

Spärlicher noch als die Funde von Mauer sind die Reste kleiner
Bären aus den altdiluvialen Mosbacher Sanden. Der zuerst ent-
deckte Rest war ein rechter Oberkiefereckzahn, der heute in den
Sammlungen der Senckenbergischen Naturforschenden Gesell-
schaft in Frankfurt a. M. liegt. v. REICHENAU untersuchte diesen
Zahn, der anfänglich *Ursus arctos* zugeschrieben worden war, und
erbrachte den Nachweis, daß dieser genau mit den Funden von
Mauer übereinstimmt, weshalb er ihn gleichfalls zu *Ursus arvernensis* stellte. Seit dieser Zeit sind nur wenige, zudem meist
schlecht erhaltene Reste dazugekommen, nämlich je 2 Oberkiefer-
und Unterkiefereckzähne. Der eine Oberkiefereckzahn besitzt nur
noch die beschädigte Wurzel mit spärlichen Resten der Krone,
der andere hat zwar eine besser erhaltene Wurzel, aber ebenfalls
nur kümmerliche Kronenreste. Ein zierlicher Eckzahn aus einem
linken Unterkiefer, der vermutlich einem erwachsenen weiblichen
Tier angehört hat, besitzt leider keine Kronenspitze mehr. Die
Wurzel ist schmäler und länger als beim Bammentaler Zahn.
Der andere, rechte Unterkiefereckzahn eines erwachsenen Tieres

zeigt noch besser als der erste alle Merkmale, die als charakteristisch für die Eckzähne der kleinen altdiluvialen Bären angesehen werden dürfen.

Die genaue Untersuchung der altdiluvialen Bärenreste von Bammental, Mauer und Mosbach hat also ergeben, daß die bestehenden geringen Unterschiede dieser Formen nicht ausreichen, um mehrere selbständige Arten aufzustellen. Man muß eher vermuten, daß es sich um verschiedene phylogenetische Entwicklungsstufen einer und derselben Hauptart handelt.

Weitere kleinere Ursiden aus dem Plio-Pleistozän.

Ursus (Plionarctos) angustidens ZDANSKY.

Von den außereuropäischen Vertretern der *Plionarctos*-Gruppe verdient unser größtes Interesse *Ursus angustidens* ZDANSKY; denn diese Art zeigt die größte Ähnlichkeit mit den Bären aus den altdiluvialen Ablagerungen Deutschlands. Zur Charakterisierung der Art, die aus dem chinesischen Altquartär von Chou-Kou-Tien stammt, später aber auch an anderen, gleichalterigen Fundstellen entdeckt wurde, muß die Beschreibung des M_1 genügen, da dieser Zahn vorläufig der einzige ist, der unterscheidende Merkmale deutlich erkennen läßt. Nach der Beschreibung von ZDANSKY zeichnet sich dieser Zahn vor allem durch seine primitive Bauart aus. Die Schneiden des Paraconids und des Protoconids schließen einen auffallend stumpfen Winkel ein. Das Metaconid steht neben der Hinterkante des Protoconids. Vor dem Metaconid befinden sich ein größerer und zwei kleinere accessorische Höcker. Das Hypoconid ist lateral abgeplattet und nicht viel größer als das Entoconid. Auch ein kleines Mesoconid ist vorhanden. Den Übergang vom Trigonid zum Talonid vermitteln 2 Leisten, von denen die äußere das Protoconid und Hypoconid verbindet, während die innere vom Metaconid zum Zwischenraum zwischen Hypoconid und Entoconid zieht. Beide Leisten schließen eine enge, aber ziemlich tiefe Rinne ein. Besonders betont wird noch, daß sämtliche Außenhöcker von der Außenkontur des Zahnes weit abgerückt stehen.

ZDANSKY selbst hat bereits einen Vergleich durchgeführt zwischen seinem *Ursus angustidens* und dem von SCHLOSSER aufgestellten *Ursus böckhi* und dabei festgestellt, daß beide Arten wenigstens hinsichtlich ihrer Maße ziemlich weitgehend übereinstimmen.

Dagegen ist das Trigonid bei *Ursus böckhi* wegen des Fehlens von Nebenhöckern zwischen Paraconid und Metaconid noch primitiver gebaut als bei *Ursus angustidens.* Das Talonid der erstgenannten Art ist durch seine Verbreiterung bereits so stark modernisiert, daß nach ZDANSKY an eine Ableitung des *Ursus angustidens* von dem geologisch älteren *Ursus böckhi* nicht gedacht werden kann.

Wenn nun auch der M_1 von Bammental stark an den oben beschriebenen Zahn erinnert, so unterscheidet er sich von ihm doch in einigen wesentlichen Punkten. Die Metaconidpartie hat nur einen einzigen kräftigen vorderen Nebenhöcker, statt deren drei (einen größeren und zwei kleinere). Das Paraconid steht viel weniger weit vom Zahn ab als bei *Ursus angustidens.* Endlich ist das Talonid relativ breiter als bei der letztgenannten Art.

Ursus (Plionarctos) kokeni MATTHEW et GRANGER.

Mit diesem Namen bezeichneten MATTHEW und GRANGER ein rechtes Unterkieferbruchstück mit den Molaren M_1 und M_2, das in diluvialen Ablagerungen von Cze-Chuan in China gefunden wurde. Der Mandibelknochen dieser Art ist auffallend kurz und hoch. Die Größe erinnert an *Ursus arctos.* Nähere Beziehungen zu den altdiluvialen Bären Deutschlands bestehen nicht.

Ursus (Plionarctos) namadicus FALCONER et CAUTLEY.

Diese aus dem mittleren Diluvium der Narbada Stufe Indiens stammende Art ist beträchtlich größer als der heutige Malayenbär *(Ursus malayanus)* und soll *Ursus arvernensis* ähneln. Da bisher keinerlei Unterkieferreste gefunden wurden, erübrigt sich ein Vergleich mit den Bären von Bammental und Mauer.

Ursus (Drepanodon?) etruscus CUVIER.

Wie schon erwähnt, hat man diese im Oberpliozän Italiens aufgefundene Form verschiedentlich als Majorrasse dem französischen *Ursus arvernensis* als Minorrasse gegenübergestellt und beide zu einer Gesamtart vereinigt. Abgesehen von ihrer verschiedenen Größe bestehen aber doch so weitgehende Differenzen, daß es besser ist, die beiden Formen vollkommen voneinander zu trennen und als selbständige Arten aufzufassen. *Ursus etruscus* hat einen viel komplizierteren Zahnbau als *Ursus arvernensis* und ist daran sofort leicht zu unterscheiden. Schon DEPÉRET hat zum

Teil auf diese Unterschiede aufmerksam gemacht, so z. B. daß der M_1 von *Ursus etruscus* mehr verlängert sei und daß von dieser Streckung ganz besonders die vordere Hälfte betroffen würde, die dadurch mehr an Zähne von *Ursus spelaeus* erinnere. Der M_1 von *Ursus etruscus* ist weiterhin durch ein wesentlich deutlicheres, wenn auch noch kleines Sekundärhöckerchen vor dem Metaconid charakterisiert. Den Molaren M_2 und M_3 ist ganz allgemein eine stärkere Skulpturierung der Kaufläche eigentümlich. Unterschiede scheinen schließlich auch im Bau des Kieferknochens vorhanden zu sein. So vermisse ich jedenfalls am Unterrand des Kiefers von *Ursus arvernensis* jenen eigenartigen Knochenvorsprung, der in der Abbildung bei RISTORI (Tafel III, Fig. 5) zur Darstellung gekommen ist und sich, wenn auch in schwächerer Ausbildung, bei den kleinen Bären von Bammental und Mauer findet. Von einer nochmaligen, eingehenden Beschreibung kann Abstand genommen werden, zumal ich mich schon 1939 an anderer Stelle ausführlich über *Ursus etruscus* geäußert habe.

3. Die systematische Stellung der altdiluvialen Kleinbären Deutschlands.

Wenn wir die systematische Stellung der kleinen altdiluvialen Bären Deutschlands genauer ermitteln wollen, können wir von vornherein auf einen Vergleich mit *Ursus ruscinensis, Ursus etruscus* und *Ursus deningeri* verzichten, weil diese als entweder primitivere *(Ursus ruscinensis* und *etruscus)* oder bereits zu stark spezialisierte Formen ausscheiden. Von den anderen Arten kommen für unsere Zwecke nur jene in Betracht, die im Zahnbau des M_1 gewisse Ähnlickeit mit den fossilen deutschen Kleinbären aufweisen. Dies sind folgende Arten: *Ursus arvernensis* CROIZET et JOBERT, *Ursus angustidens* ZDANZKI und *Ursus böckhi* SCHLOSSER.

Nachdem die kleinen Ursiden aus dem Altquartär Deutschlands bisher allgemein mit *Ursus arvernensis* identifiziert wurden, müssen wir uns in erster Linie mit dieser Art beschäftigen und die Hauptunterschiede noch einmal besonders hervorheben.

Jedenfalls geht aus folgender Gegenüberstellung einwandfrei hervor, daß die deutschen Kleinbären des Altdiluviums in ihrer morphologischen Entwicklung viel weiter fortgeschritten sind als die Bären von Perrier. Es muß sich also um zwei selbständige Arten handeln, und ihre Identifizierung ist nicht mehr länger möglich.

	Ursus arvernensis von Frankreich.		Deutsche Formen von Bammental, Mauer und Mosbach.
M_1	groß und kräftig, Trigonid ohne Verbindung mit dem Talonid, Prometaconid nur ganz schwach ausgebildet.	M_1	verhältnismäßig klein, Trigonid mit Talonid durch zwei deutliche Grate verbunden, Prometaconid sehr kräftig und dem Metaconid gleichwertig.
M_2 u. M_3	Kronenskulptur verhält- nismäßig einfach, Kau- fläche mit wenig Runzeln usw.	M_2 u. M_3	Zahnkrone reicher geglie- dert, Kaufläche mit zum Teil vielen Runzeln und sonstigen Einzelheiten.
	Unterrand des Kieferkno- chens ohne zackenförmi- gen Vorsprung.		Unterrand des Kieferkno- chens mit zackenförmi- gem Vorsprung.

Das Gebiß des chinesischen *Ursus angustidens* ist noch komplizierter als das der deutschen Bären.

Bei *Ursus böckhi*, der zwar hinsichtlich der Größenverhältnisse gute Übereinstimmung mit den uns vorliegenden kleinen Altquartärbären zeigt, verrät der auffallend einfache Zahnbau (jegliches Fehlen eines Prometaconids am M_1), daß hier die morphologische Entwicklung noch nicht sehr weit gediehen ist. So verbietet sich wiederum eine Identifizierung mit den Formen von Bammental, Mauer und Mosbach, wohl aber wäre zu überlegen, ob sich unsere kleinen Bären aus dem deutschen Altdiluvium nicht in irgend einer Weise von dem pliozänen *Ursus böckhi* ableiten lassen. Nach SCHLOSSER bildet zwar *Ursus böckhi* in morphologischer Beziehung den Übergang von *Ursavus brevirhinus* bzw. *primaevus* zu *Ursus etruscus*, von welcher Art wiederum *Ursus arctos* und *spelaeus* abstammen sollen. Eine Ableitung anderer als der genannten Formen erscheint SCHLOSSER unmöglich. Nun wurde schon weiter oben KRETZOIS Meinung wiedergegeben, wonach *Ursus etruscus* in die Gruppe der an Größe rasch zunehmenden und hinsichtlich ihrer Gebißentwicklung sehr evolutionsfähigen Formen gehört, darnach also zu den kleinen konservativen *Plionarctos*-Arten keinerlei nähere Beziehungen mehr hätte. Mir erscheint es deshalb als wahrscheinlicher, daß die Mauerer und Mainzer Kleinbären Abkömmlinge des *Ursus böckhi* sind. Stratigraphische Schwierigkeiten bestehen jedenfalls kaum. Aus dem jüngsten Pliozän Ungarns liegen vom Villány-Kalkberg, von Beremend und Püspökfürdö Reste kleiner Ursiden vor, die von Kormos als *Ursus (Plionarctos) arvernensis* bestimmt wurden. Ob dies richtig ist, kann vorerst bezweifelt werden. Diese Funde bedürfen meiner Ansicht nach erst noch einer genaueren Untersuchung, ehe einwandfrei festgestellt werden kann, ob sie sich mehr der französischen oder mehr der deutschen Form nähern. Möglicherweise erweist sich sogar die ungarische Form näher verwandt mit *Ursus böckhi*. Morphologisch scheinen einer allenfallsigen Ableitung der kleinen deutschen Altquartärbären von *Ursus böckhi* keine sonderlichen Schwierigkeiten entgegenzustehen. Dem höheren geologischen Alter des *Ursus böckhi* entspricht der einfachere Bau, der sich vor allem im Fehlen eines Prometaconids am M_1 äußert. Bei den wesentlich jüngeren Formen von Mauer und Bammental hingegen macht sich die allmählich fortschreitende Komplikation des Zahnbaues an dem spezifisch so wichtigen M_1 in der Herausbildung des deutlichen Prometaconids bemerkbar.

Wiederholt haben verschiedene Autoren auf die große Ähnlichkeit hingewiesen, die zwischen den altdiluvialen Kleinbären und dem rezenten Braunbären besteht, und daraus auf nahe Verwandtschaft geschlossen. Die „Braunbärenartigkeit" der kleinen altquartären Bären ist jedoch nur eine scheinbare, hervorgerufen durch den noch verhältnismäßig einfachen Zahnbau. Mit Kretzoi (1938) teile ich die Ansicht, daß die kleinen archaischen Bären der altdiluvialen Ablagerungen und *Ursus arctos* zwei vollständig getrennten, nur durch ihre gemeinsame Wurzel verwandten Entwicklungslinien angehören.

Die kleinen altdiluvialen Ursiden Süddeutschlands, die in den Sand- und Kiesablagerungen von Bammental, Mauer und Mosbach zum Vorschein kamen, stimmen also mit keiner anderen Art vollständig überein, und somit sind wir berechtigt, den von Kretzoi geschaffenen Namen *Ursus (Plionarctos) stehlini* anzunehmen (Kretzoi 1941)[1]. Ausdrücklich sei nochmals darauf hingewiesen, daß diese Art wegen des komplizierteren Zahnbaues nichts mit

---

[1] Siehe die Nachschrift auf S. 50.

Ursus arvernensis zu tun hat und daß sie auch geologisch jünger ist als die pliozäne französische Form.

Wie gliedert sich nun *Ursus (Plionarctos) stehlini* in das System der *Plionarctos*-Formen ein und welches sind die vermutlichen Zusammenhänge der bisher bekannt gewordenen Ursiden des Pliopleistozäns?

Als älteste Form kann gelten *Ursus (Plionarctos) minutus* Gervais aus dem Mittelpliozän — Astien — von Montpellier.

Einem jüngeren Zeitabschnitt, für den Kretzoi (1938) einstweilen die Bezeichnung Barotian vorgeschlagen hat, gehört *Ursus (Plionarctos) böckhi* Schlosser an.

Wesentlich höher spezialisiert ist *Ursus (Plionarctos?) arvernensis* Croizet et Jobert, der dem Villafranchian (= Unt. Cromerian), genauer wohl dem unteren Teil dieser Stufe, dem Auvergneian entstammt. Ob der Bär von Perrier auf die Dauer bei der *Plionarctos*-Gruppe verbleiben kann, muß allerdings noch weiteren genaueren Untersuchungen vorbehalten bleiben. In der vollkommenen Abtrennung des *Ursus ruscinensis* von *Ursus arvernensis,* wie sie Kretzoi in seiner Gruppengliederung vorgenommen hat, liegt meines Erachtens eine zu große Willkürlichkeit und Schwäche dieses Systems vor, wie schon weiter oben zum Ausdruck gebracht wurde. Über die Erkenntnis derjenigen Autoren, die sich sowohl mit dem Originalmaterial von *Ursus ruscinensis* wie auch mit dem des *Ursus arvernensis* beschäftigt und zum Ausdruck gebracht haben, daß *Ursus arvernensis* nur als eine aszendente Mutation des Bären von Roussillon zu betrachten sei, kann man nicht so ohne weiteres hinweggehen.

Aus dem Val d'Arno selbst ist zwar kein mit *Ursus etruscus* gleichaltriger Vertreter der *Plionarctos*-Gruppe bekannt geworden. Wohl aber liegen aus einem nahezu gleichalterigen, bzw. nicht viel jüngeren Zeitabschnitt (Unt.–Mittl. Cromerian, genauer Ob. Villafranchian = Valdarnian–St. Prestian) kleine Ursidenreste vom Villány-Kalkberg, von Beremend und Püspökfürdö vor. Kormos (1937) bestimmte sie als *Ursus (Helarctos) arvernensis,* was aber kaum richtig sein dürfte.

Ein kleiner primitiver Urside scheint auch im englischen Forestbed, d. h. im eigentlichen Cromerian (Ob. Cromerian = ? St. Prestian) vorzukommen. Jedenfalls findet sich in der neuesten

Zusammenstellung der Forest Bed-Fauna durch ZEUNER (1937) nach wie vor ein *Ursus* sp. (? *arvernensis*) angegeben. Auch hier ist zu vermuten, daß die Bestimmung ohne wirkliche Vergleiche erfolgte, in der Annahme, daß alle kleinen Bären des europäischen Pliopleistozäns nur einer Art — *Ursus arvernensis* — angehören könnten.

Ursus (Plionarctos) stehlini KRETZOI, ist mit Sicherheit vorläufig nur den altdiluvialen Sanden von Mauer, Bammental und Mosbach-Mainz eigen. KRETZOI empfahl zur Altersdatierung dieser Ablagerungen die Annahme der POHLIGschen Bezeichnung ,,Mosbachian''. Dagegen ist ganz entschieden Stellung zu nehmen. Wie so oft wird auch von KRETZOI der große Fehler begangen, die Mosbacher Sande als etwas Einheitliches anzusehen, obwohl sich im Laufe der Zeit durch die Faunenfunde herausgestellt hat, daß die Ablagerungen mehreren, verschiedenen Zeitabschnitten entsprechen. Die Mauerer Sande selbst sind nur mit einem Teil der Mosbacher Ablagerungen gleichalterig. Die Bezeichnung ,,Mosbachian'' für den Gesamtkomplex der Mosbach-Mauerer Sande ist aber auch aus einem anderen Grunde abzulehnen. In der von SOERGEL geschaffenen Vollgliederung der Eiszeit haben wir vorläufig immer noch eine viel bessere Handhabe zur genauen Einordnung diluvialer Ablagerungen und der darin eingeschlossenen Faunenreste.

Geologisch noch jünger als *Ursus stehlini* scheint schließlich *Ursus (Plionarctos) angustidens* ZDANSKY zu sein. Hierfür spricht schon die noch weitergehende Komplikation des Zahnbaues. Eine einwandfreie Parallelisierung der Ablagerungen von Chou-Kou-Tien mit europäischen Fundorten ist auch heute noch nicht so leicht durchzuführen. Die Faunenzusammensetzung von Chou-Kou-Tien läßt zwar an ein Alter denken, das dem der Mauerer oder Mosbacher Sande nahe steht. Doch ist hinsichtlich der Beurteilung einzelner Faunenelemente gewisse Vorsicht geboten, wenn man sie auf so große räumliche Entfernungen hin zur Ermittlung der Altersverhältnisse benützen will.

Die restlichen Vertreter der *Ursus Plionarctos*-Gruppe, *Ursus kokeni* (altdiluvial) und *Ursus namadicus* (mitteldiluvial) können heute zeitlich noch nicht genauer eingegliedert werden, da das Vergleichsmaterial vorläufig viel zu spärlich ist und weitere Funde abgewartet werden müssen.

Im allgemeinen kann die von KRETZOI gegebene Gliederung der Ursiden in 2 Gruppen beibehalten werden. Nach unserer Auffassung gehören zur ersten Gruppe *(Plionarctos)* folgende Arten:

Ursus (Plionarctos) minutus GERVAIS	Montpellier	Astian
Ursus (Plionarctos) böckhi SCHLOSSER	Barót Köpecz	Barotian
Ursus (Plionarctos) aff. *böckhi* SCHLOSSER	Ling-Chia-Ho	?
Ursus (Plionarctos) (div. sp. ?)	Villány. Beremend, Püspökfürdö	Val d'Arnian— St. Prestian
Ursus (Plionarctos) sp.	Forest-Bed	Cromerian s. str.
Ursus (Plionarctos) stehlini, KRETZOI	Mauer, Bammental, Mainz-Wiesbaden	Günz I—Günz II — Interstadial Günz II—Mindel I — Interglazial
Ursus (Plionarctos) angustidens ZDANSKY	Chou-Kou-Tien	Altquartär
Ursus (Plionarctos) namadicus FALCONER et CAUTLEY	Indien	Quartär
Ursus (Plionarctos) kokeni MATTHEW et GRANGER	Cze-Chuan	Altquartär u.a.F.Mittelquartär ?
Ursus (Plionarctos) edensis FRICK	Nordamerika	Oberpliozän

Zur zweiten Gruppe *(Drepanodon-Ursus)* stelle ich folgende Formen:

Ursus (Drepanodon) ruscinensis DEPÉRET	Roussillon	Astian
Ursus (Drepanodon?) arvernensis CROIZET et JOBERT	Perrier	Auvergneian
Ursus (Drepanodon?) etruscus CUVIER	Val d'Arno usw. Senèze, Tegelen	Val d'Arnian— St. Prestian
Ursus (Drepanodon) etruscus gombaszögensis KRETZOI	Gombaszög	Val d'Arnian— St. Prestian
Ursus eberbachensis HELLER	Eberbach	Oberpliozän—Altquartär
Ursus savini ANDREWS	Forest-Bed	Ob. Cromerian
Ursus deningeri? v. REICHENAU	Jockgrim	Günz I
Ursus aff. *deningeri* v. REICHENAU	Erpfingen	Ob. Cromerian ?
Ursus deningeri v. REICHENAU	Mauer, Bammental-Mainz-Wiesbaden usw.	Günz I—Günz II — Interstadial, Günz II—Mindel I — Interglazial
Ursus süssenbornensis SOERGEL	Süssenborn	
Ursus taubachensis RODE	Taubach	Mitteldiluvium
Ursus spelaeus ROSENMÜLLER		Jungdiluvium

Die vorgenommene Umgruppierung war notwendig, weil das eingehende Studium der Originalreste des *Ursus arvernensis* den Nachweis erbracht hat, daß die kleinen Altquartärbären, auf die sich bisher die Diagnose der genannten Art zum größten Teil stützte, nichts mit *Ursus arvernensis* zu tun haben, auch nicht näher damit verwandt sind, vielmehr eine eigene Art *(Ursus stehlini)* darstellen.

Die Herausnahme von *Ursus arvernensis* aus der Gruppe der kleinen, konservativen *Ursus-Plionarctos*-Formen und seine Eingliederung in die *Ursus-Drepanodon*-Gruppe beseitigt die verschiedenen Schwierigkeiten, die sich teils aus KRETZOIS Auffassungen, teils aus den Ausführungen anderer Autoren ergeben. So kann, wie bisher, die mehrmals erwähnte, vermutete Abstammung des *Ursus arvernensis* von *Ursus ruscinensis*, die vieles für sich hat, beibehalten werden. Weiter kann an eine Ableitung des *Ursus etruscus* von dem zweifellos etwas älteren *Ursus arvernensis* gedacht werden. *Ursus etruscus* selbst erscheint dann als überaus polymorphe Form gut geeignet, den Ausgangspunkt für mehrere geologisch jüngere Arten zu bilden, wie z. B. *Ursus savini* und *Ursus deningeri*, welch letztere schließlich zu *Ursus spelaeus* überleitet.

Eine von STEHLIN (1932) für möglich gehaltene chronologische Lücke zwischen den pliozänen Bären des *arvernensis*-Typs und den kleinen primitiven Bären an der Basis des Pleistozäns braucht nicht angenommen zu werden, da beide Formen in keiner näheren verwandtschaftlichen Beziehung zu einander stehen. Vielmehr dürfte einer Ableitung des kleinen Altquartärbären, *Ursus stehlini*, von *Ursus böckhi*-artigen Formen oder wenigsten Nachkommen solcher nichts weiter im Wege stehen. Die von STEHLIN (1932) in Erwägung gezogene Annahme einer direkten Verwandtschaft von *Ursus arvernensis* mit *Ursus etruscus* und *Ursus arctos* gewinnt an Wahrscheinlichkeit, weil jetzt der kleine primitive Bär des Altquartärs die Reihe nicht mehr unterbricht.

4. Das Alter der Ablagerungen am Wolfsbuckel bei Bammental.

Vor einigen Jahren beschäftigte sich SOERGEL (1933) unter anderem auch eingehend mit der Altersdatierung der Kies- und Sandablagerungen, die am Fuß der Hollmuth am sogenannten Wolfsbuckel in einer größeren Grube angeschnitten wurden. Das Profil dieser Grube, an dessen Aufbau auffallend starke Kiesanhäufungen beteiligt sind, gibt ein wesentlich anderes Bild als das

der nicht allzu fernen Sandgrube am Sandbusch-Grafenrain bei
Mauer. Aus dieser Tatsache folgert Soergel, daß eine Gleich-
alterigkeit der Ablagerungen in beiden Aufschlüssen nicht möglich sein könne. Er begründet diese Auffassung wie folgt: „Wenn
der Neckar zur Bildungszeit der Mauerer Sande über den östlichen,
gefällsstarken Ast der Schlinge ins Gebiet des Schlingenkopfes
wesentlich nur Sande zubringen konnte, kann er nicht über den
gefällsarmen Schlingenkopf mehrere Kilometer in den gefälls-
schwachen westlichen Schlingenast in größerer Menge kiesiges
Material verfrachtet haben." Nach Soergel soll das Gesteins-
material der Kiese am Wolfsbuckel in seiner ganzen Zusammensetzung viel mehr an die Neckarkiese nordöstlich der Wehräcker
als an die Sande von Mauer erinnern. Letztere sollen mehr inter-
glazialen, die Kiese vom Wolfsbuckel dagegen mehr glazialen
Charakter tragen, was auch aus der faziell abweichenden Fauna
abgeleitet wird. Trotz der weitgehenden petrographischen Übereinstimmung der Kiese am Wolfsbuckel und an den Wehräckern
sollen auch diese Ablagerungen nicht gleichalterig sein. Soergel
versucht an Hand der ihm bekannt gewordenen Faunenreste und
unter Berücksichtigung der Lagerungsverhältnisse die verschiedenen, in der Neckarschlinge von Mauer-Bammental aufgeschlossenen
Ablagerungen wie folgt zu gliedern:

Ablagerung der Buntsandsteinschotter . . Günz I—Glazial
Verlehmung, Abtragung und Erosion. . . Günz I—Günz II—Interstadial
Neckarkiese nordöstlich der Wehräcker . Günz II—Glazial
Mauerer Sande . . . . Günz II—Mindel I—Interglazial
? Erosion . . . . Mindel I—Mindel II—Inter-
                                            stadial
Kiessande am Wolfsbuckel . . . . Mindel II (oder auch Mindel I)
                                            —Glazial.

Gegen diese Altersdatierung, die Soergel zum Teil selbst nur
eine vorläufige nennt, lassen sich verschiedene Einwände erheben.
Soergel sieht in den Buntsandsteinschottern nach dem Vorbild
einiger anderer älterer Autoren Ablagerungen einer Glazialzeit,
für die nur Günz I in Frage kommen könnte. Becksmann (1939)
dagegen vertritt die Auffassung, daß die Bildung der Buntsandsteinschotter tektonisch bedingt und diese nicht Äquivalente einer
periglazialen Frostverwitterung der ältesten Eiszeit seien. Die
Buntsandsteinschotter könnten also allenfalls auch pliozänes Alter
haben.

Die Mauerer Sande sollen nach Soergel mindestens dem Günz II—Mindel I—Interglazial angehören. Als Äquivalente der Mauerer Sande gelten nun immer wieder jene Teile der Mosbacher Sande, welche die Hauptfauna mit *Elephas trogontherii* einschliessen. Ich selbst habe aber schon wiederholt (zuletzt 1939) darauf aufmerksam gemacht, daß die Mosbacher Hauptfauna wegen der verschiedenartigen Zusammensetzung nicht gleichalterig sein kann mit der Fauna der Mauerer Sande. Da das Alter der Mosbacher Hauptfauna nun aber als ziemlich feststehend angesehen werden muß, bedarf die Altersdatierung der Mauerer Sande also einer kleinen Korrektur. Meiner schon mehrmals geäußerten Ansicht nach entsprechen die Mauerer Sande mehr den oberen Partien der unteren Mosbacher Schichten und würden damit in einem späteren Abschnitt der Günzeiszeit, etwa gegen Ende des Günz I—Günz II—Interstadials, möglicherweise auch erst zu Beginn des Günz II—Glazials abgelagert worden sein.

Der dritte Einwand endlich betrifft die Auffassung Soergels, wonach die Neckarkiese nordöstlich der Wehräcker, die Mauerer Sande und die Kiessande vom Wolfsbuckel verschiedenes und zwar sehr stark von einander abweichendes Alter haben sollen. In der Tat bestehen zwischen den Mauerer Sanden einerseits, den Neckarkiesen der Wehräcker und den Kiessanden vom Wolfsbuckel andererseits erhebliche fazielle Unterschiede. Für verschiedenes Alter scheint zudem die Tatsache zu sprechen, daß *Elephas trogontherii* in den Mauerer Sanden fehlt, während er in Bammental und bei den Wehräckern zusammen mit *Elephas antiquus* vorkommt.

Wenn nun auch, nach den Lagerungsverhältnissen zu schließen, die Kiese der Wehräcker vielleicht wirklich v o r den Mauerer Sanden einzudatieren sein mögen, so kann doch die abweichende Fazies der genannten Ablagerungen auch noch eine andere Erklärung finden. Es kann, worauf mich in verschiedenen Gesprächen Prof. Becksmann aufmerksam machte, auch eine Änderung im Stromstrich des alten Neckarlaufes eingetreten sein, wie überhaupt die Wasserführungsverhältnisse gewissen Schwankungen unterworfen gewesen sein mögen. Auf dieselbe Weise kann auch die starke Kiesführung der Ablagerungen am Wolfsbuckel erklärt werden. Die einzelnen in der alten Neckarschlinge aufgeschlossenen Sande und Kiese brauchen also nicht gar so verschiedenalterig angenommen zu werden, sondern können doch einen wesentlich einheitlicheren Komplex darstellen. Soweit die bisherigen Aufsammlungen aus der Kiesgrube am Wolfsbuckel und die spärlichen Reste der Schäferschen Grube an den Wehräckern schon richtige Schlüsse zulassen, stimmen die einzelnen Faunen so ziemlich überein. Auffallend ist nur, daß bisher in der wesentlich größeren und besser bekannten Fauna der Mauerer Sande noch keinerlei Reste von *Elephas trogontherii*, dem eiszeitlichen Steppenelefanten, gefunden wurden. Es ist nun freilich noch keineswegs einwandfrei bewiesen, daß die genannte Art unbedingt als Indikator für glaziales Klima angesehen werden darf, zumal Reste derselben bereits im italienischen Oberpliozän (Villafranchian) von Astésan mit *Mastodon arvernensis, Mastodon borsoni, Elephas meridionalis, Elephas planitrons* usw. gefunden wurden. Wenn wir trotzdem mit Soergel die *Elephas trogontherii* enthaltenden Kiese als glazial auffassen, so besteht doch noch die Möglichkeit, ja vielleicht sogar die Notwendigkeit einer etwas anderen Deutung und Datierung der fraglichen Schichten. Nehmen wir für die Buntsandsteinschotter mit Becksmann noch pliozänes statt pleistozänes Alter an, dann käme für die Neckarkiese der Wehräcker eine Einstufung in das Günz I—Glazial in Frage. Die sich hieraus ergebende Altersdatierung — Günz I— Günz II— Interstadial — für die Mauerer Sande haben wir schon früher (Heller 1939) aus rein faunistischen Gründen gefordert. Für die Wolfsbuckelkiese bliebe, falls sich ein von den vorherigen Ablagerungen verschiedenes und vor allem auch glaziales Alter bewahrheiten sollte, immer noch die Einordnung in das Günz II oder Mindel I—Glazial übrig.

Sehen wir nun, wie zu dieser Altersdatierung die Auffindung des kleinen *Ursus stehlini* paßt. Das Alter der Mauerer Sande ist meiner Auffassung nach eher Günz I— Günz II—Interstadial, möglicherweise auch noch beginnendes Günz II—Glazial, als Günz II— Mindel I—Interglazial, wie dies bisher vielfach angenommen wurde. Außer in Mauer sind Reste offenbar derselben kleinen Ursiden-Art auch in den Mosbacher Sanden gefunden worden. Leider ist nicht genau bekannt, aus welchem der verschiedenen dortigen Horizonte diese Reste stammen. Bei der Aufteilung der Mosbacher Fauna, die Soergel (1914) vorgenommen hat, wird „*Ursus arvernensis*" (d. h. *Ursus stehlini*) mit *Trogontherium cuvieri, Hippopotamus* und anderen Resten der *Elephas meridionalis*-Fauna zugewiesen und diese in das älteste Quartär in die Nähe von St. Prest gestellt (Soergel 1914, S. 237—238). In dem Vollgliederungsschema der Eiszeit würde die Meridionalis-Fauna von Mosbach mindestens vor dem Günz I— Günz II—Interstadial, wahrscheinlich sogar vor dem Günz I—Glazial einzuordnen sein. Nach SOERGEL tritt „*Ursus arvernensis*" aber auch in der Mosbacher Hauptfauna gleichzeitig mit *Elephas trogontherii* auf. Diese Hauptfauna wird allgemein dem Günz II— Mindel I—Interglazial zugeschrieben. „*Ursus arvernensis*", recte *Ursus (Plionarctos) stehlini* KRETZOI hat demnach also im Altdiluvium Deutschlands eine große zeitliche Verbreitung besessen, nämlich von Günz I—Glazial (Mosbach II), über Günz I— Günz II—Interstadial (Oberes Mosbach II, bzw. Mauer), Günz II— Glazial (allenfalls Mauer—Mosbach) bis ins Günz II— Mindel I—Interglazial (Mosbach III—Hauptfauna). Wenn es sich bewahrheitet, daß die Ablagerungen vom Wolfsbuckel bei Bammental noch etwas jünger sind als die von Mauer, so müssen die Grenzen der zeitlichen Verbreitung von *Ursus (Plionarctos) stehlini* noch weiter nach oben verschoben werden. Für den Fall, daß sich auch der glaziale Charakter der dort aufgeschlossenen Sandkiese als richtig erweist, kommt meiner Ansicht nach hierfür als äußerstes eine Einordnung in das Mindel I—Glazial in Betracht.

Zusammenfassung.

In den Ablagerungen der altdiluvialen Neckarschlinge von Bammental bei Heidelberg kam ein guterhaltener Bärenunterkiefer zum Vorschein, der den Verfasser veranlaßte, das Problem der kleinen Ursiden des deutschen Altquartärs noch einmal aufzugreifen.

Nach einer Besprechung der wichtigsten pliopleistozänen Bärenformen und einer ausführlichen Beschreibung von Originalresten des *Ursus arvernensis* von Perrier wird der Nachweis erbracht, daß der kleine altquartäre Bär von Mauer, Bammental und Mosbach (Mainz-Wiesbaden) nicht mit *Ursus arvernensis* identifiziert werden kann, vielmehr eine selbständige Art darstellt, für die der Name *Ursus (Plionarctos) stehlini* Geltung haben muß.

Die Eingliederung der pliopleistozänen Bären in die von KRETZOI aufgestellten 2 Stammgruppen *Plionarctos* und *Drepanodon-Ursus* s. str. erfährt eine kleine Umstellung, die zur Beseitigung von bisher noch bestehenden Schwierigkeiten unbedingt notwendig war.

Die Art *Ursus (Plionarctos) stehlini* steht *Ursus böckhi* SCHLOSSER ziemlich nahe, und es wird daher eine mehr oder weniger direkte Ableitung von dieser Form erwogen.

In den Schlußbemerkungen wird zur Altersdatierung der Ablagerungen am Wolfsbuckel bei Bammental, dem Fundort des
neuesten Restes von *Ursus (Plionarctos) stehlini*, Stellung genommen. Im Gegensatz zu Soergel kommt Verfasser zum Schluß,
daß diese Neckarkiese eher dem Mindel I— als dem Mindel II—
Glazial zugeordnet werden müssen, wenn sich überhaupt ein von
den Mauerer Sanden abweichendes Alter ergeben sollte.

Nachschrift.

Vorliegende Arbeit war im wesentlichen Mitte Mai 1939 abgeschlossen. Als Ergebnis der eingehenden Untersuchungen stand
fest, daß die kleinen Bären des deutschen Altquartärs unmöglich
länger mit *Ursus arvernensis* aus dem französischen Oberpliozän
identifiziert werden können. Um allen späteren Einwänden von
vornherein entgegentreten zu können, schien es jedoch wünschens-
wert, noch einen Vergleich mit den bisher niemals richtig beschriebenen und vor allem auch nicht deutlich genug abgebildeten Unterkieferresten des wirklichen *Ursus arvernensis* durchzuführen. Für
August 1939 waren auf meine Bitte hin seitens der Leitung des
Musée National d'Histoire Naturelle in Paris, in welchem die fraglichen Stücke aufbewahrt werden, Gipsabgüsse zugesagt. Der
Kriegsausbruch machte jedoch alle Versprechungen zunichte. Erst
im Jahre 1941 konnte die unterbrochene Verbindung wieder auf-
genommen werden, und ein persönlicher Besuch in Paris führte zur
Aushändigung der Originalreste selbst, so daß kurze Zeit später
die Untersuchungen endgültig abgeschlossen werden konnten. Die
Kriegsverhältnisse brachten es mit sich, daß trotz der langen, seit-
her verflossenen Zeit eine Drucklegung erst heute erfolgen kann.
Inzwischen erschien 1941 eine Arbeit Kretzois: Weitere Beiträge zur Kenntnis der Fauna von Gombaszög, die mir am 20. 1.
1943 zugänglich wurde, und in welcher ebenfalls, jedoch nur ganz
kurz, auf das Artproblem der kleinen altquartären Bären ein-
gegangen wird. Ohne einen tatsächlichen Nachweis führen zu
können, d. h. ohne weder die Originale des „*Ursus arvernensis*"
von Mauer und Mosbach, noch die des echten *Ursus arvernensis*
von Frankreich zu kennen, benutzt Kretzoi lediglich Äußerungen
Rügers und Stehlins, um kurzerhand eine neue Art *Plionarctos*
(?) *stehlini* aufzustellen. In der Hauptsache stützt sich Kretzoi
bei seinem Vorgehen auf Stehlin, der in seiner Arbeit 1933 ganz
entschieden gegen eine spezifische Identifizierung der deutschen

Funde mit der Form *Ursus arvernensis* aus dem Villafranchian
Stellung genommen haben soll. Eine derartig eindeutige Stellung-
nahme kann man jedoch in STEHLINs Ausführungen nicht ent-
decken, vielmehr bleibt auch hier die Artfrage noch durchaus un-
geklärt.

KRETZOI bezweckt mit der Schaffung einer neuen Art die Ver-
meidung weiterer Mißverständnisse. Daß er dies erreicht hat, ist
jedoch sehr zu bezweifeln. Ganz im Gegenteil trägt sein Vorgehen eher dazu bei, erst recht Verwirrung anzurichten, da seinen
Ausführungen ja keinerlei tatsächliche Untersuchungen
am Objekt zugrunde liegen. Als Holotyp der neuen Art *Plionarctos stehlini* KRETZOI wird zwar das linke Unterkieferfragment
mit P_4—M_1 von Mauer bezeichnet, das v. REICHENAU 1906 beschrieben hat. Schon hier ist ein Fehler festzustellen. Das be-
treffende Stück ist ein linkes Unterkieferfragment mit P_4—M_3. Zugleich werden auf diesen neuen Vertreter der Bären 2 Eckzähne
eines auffallend kleinen Ursiden bezogen, die KRETZOI nicht mit
seiner großen Art *Ursus gombaszögensis* identifizieren konnte. Hier-
mit begeht KRETZOI eine große Unvorsichtigkeit. Da seiner Meinung nach die Ablagerungen von Gombaszög ungefähr gleichalterig
mit den Sanden von Mauer und Mosbach sein sollen, nimmt er
auch an, daß die kleinen Ursiden an den genannten Fundorten
dieselben sein müssen. Nun besteht aber in Wirklichkeit zwischen
den deutschen Ablagerungen von Mauer und Mosbach und der
Spaltenfüllung von Gombaszög, wie aus der Faunenzusammensetzung ersichtlich sein dürfte, doch immerhin ein gewisser Altersunterschied. Ferner ist zu bemerken, daß die in mehreren Exemplaren vorliegenden Eckzähne des kleinen Bären von Mauer kaum
von dem entsprechenden Zahn des echten *Ursus arvernensis* aus
Frankreich unterschieden werden können. Das heißt also, daß es
unmöglich sein dürfte, einzelne Bäreneckzähne der fraglichen
Formen wirklich einwandfrei zu bestimmen. Mit Wahrscheinlich-
keiten aber darf man in der Paläontologie nicht arbeiten. Die
Vorsicht, mit der — gegenüber KRETZOI — RÜGER und STEHLIN
trotz besserer Kenntnis des Materials vorgegangen sind, ist vor-
bildlich.

Daß die von KRETZOI der neuen Art *Plionarctos stehlini* zu-
gewiesenen einzelnen Ursiden-Eckzähne durchaus nicht mit dem
kleinen Bären von Mauer und Mosbach identisch sein müssen,
kann schließlich noch durch einen mir schon seit langen Jahren

Tabelle 1. Unterkiefermaße in mm.

		Ursus (Plionarctos) stehlini KRETZOI				Ursus ruscinensis DEPÉRET	Ursus arvernensis CROIZET et JOBERT		Ursus etruscus CUVIER		
	Bammental juv.	Mauer (Museum Stuttgart)	Mauer (Museum Hildesheim)	Mauer (Museum Tübingen)	Mauer (Sammlung Freudenberg)		Exemplar I (Museum Paris)	Exemplar II (Museum Paris)	I	II	nach WEITHOFER
									nach RISTORI		
Länge der Zahnreihe M_1—M_3	schätzungsweise 57	57,2	—	53	59	65	63,2	—	72	76	—
Länge der Zahnreihe P_4—M_3	schätzungsweise 67,5	—	—	75	72	—	76,1	—	—	—	—
Länge bis zum C ausschließlich	etwa 82,3	107	—	92	94	105	etwa 100,2	101,9	132	143	130
Höhe des Kieferknochens zwischen M_2—M_3 . . .	34,2	54	—	37,5	42	51	etwa 38	40,8	44	64	—
Höhe des Kieferknochens vor P_4	etwa 37	46	44,5	37,5	41	46	41,9	etwa 40,3	44	62	—
Höhe des Processus coronoideus über dem Unterrand	—	125	—	85,5	—	110	—	—	124	140	—
Breite des Condylus	—	52	—	—	—	—	etwa 28	—	56	—	50
Gesamtlänge des Kiefers bzw. Fragments	149	220	—	190	etwa 190	217	194	168	266	268	250
Länge der Zahnlücke	14	37	31	32	35	29	23,9	29,5	65	62	—
Linguale Entfernung des M_3 vom Condylusrand . .	—	89	—	75	—	84	63	—	94	—	—

Tabelle 2. C des Unterkiefers (Maße in mm).

| | *Ursus (Plionarctos)* böckhi SCHLOSSER | Bammental | Mauer (Museum Hildesheim) | Mauer (Museum Hildesheim) | Mauer (Museum Tübingen) | Mauer (Heidelberg, RÜGER I) | Mauer (Heidelberg, RÜGER II) | Mauer (Heidelberg) | Mosbach S. (Exemplar I) | Mosbach S. (Exemplar II) | *Ursus (Plionarctos) angustidens* ZDANSKY | *Ursus ruscinensis* DEPÉRET | *Ursus arvernensis* CROIZET et JOBERT | *Ursus etruscus* CUVIER Schwankungsbreite |
		Ursus (Plionarctos) stehlini KRETZOI												
Höhe der Zahnkrone vorn	32,0	25,0	25	26	23	25,0	24,6	—	—	—	—	24	?	22—30
hinten	—	26,5	29,2	29,2	28	26,7	26,0	27,6	—	—	—	29	etwa 24,2	30—37
Längsdurchmesser der Krone basal	—	19,4	21,6	21,2	18	20,6	17,3	20,3	17,5	21,9	—	—	19,1	20—25,4
Querdurchmesser der Krone basal	12,5	12,8	—	—	—	13,0	11,5	12,7	11,5	13,7	—	—	12,4	12,7—15,5
Durchmesser am Schmelzrand	—	—	—	—	—	—	—	—	—	—	18,7 / 13,0	—	—	
Größte Länge	74,0	61,9	70,0	71,0	—	70,8	—	—	—	73,6	—	—	—	96,0
Größter Durchmesser der Wurzel	21,5	20,6	—	—	—	23,0	18,8	—	19,5	24,7	—	—	—	—
Querdurchmesser der Wurzel	12,4	13,1	—	—	—	14,1	12,0	—	11,4	14,3	—	—	—	—

Tabelle 3. P_1—P_4 des Unterkiefers (Maße in mm).

	Ursus (Plionarctos) böckhi Schlosser	*Ursus (Plionarctos) stehlini* Kretzoi				*Ursus ruscinensis* Depéret		*Ursus arvernensis* Croizet et Jobert	*Ursus etruscus* Cuvier		*Ursus gombaszögensis* Kretzoi	
		Bammental	Mauer (Exemplar Rüger)	Mauer (Museum Stuttgart)	Mauer (Museum Hildesheim)	Depéret Tafel III, Fig. 9	Depéret Tafel XI, Fig. 2	Schwankungsbreite	Schwankungsbreite	Mittelwert	Schwankungsbreite	Mittelwert
P_1 { Länge	—	—	—	—	—	—	—	7,3—7,6	7—10	8,5	—	—
Breite	—	—	—	—	—	—	—	5,0—5,3	5—6	5,5	—	—
P_2 { Länge	—	—	—	—	—	—	—	5,6—5,8	6—6,5	6,2	—	—
Breite	—	—	—	—	—	—	—	4,6—4,8	4—5	4,5	—	—
P_3 { Länge	—	—	—	—	—	—	6,9	5,7—5,8	6—7	6,5	—	—
Breite	—	—	—	—	—	—	4,4	3,9—4,1	4—5	4,5	—	—
P_4 { Länge	12,0(?)	11,1	11,1	11,4	11,4	12,0	10,2	13,1	11,5—17	14,3	11,7—14,8	13,2
Breite	5,5	6,6	5,9	6,6	6	8	6	7,5	6,5—9	7,8	7,7—8,8	8,3
Höhe in der Mitte	7,5	5,8	6,0	6	—	7,0	6,1	8,2	—	—	—	—

Tabelle 4. M_1 des Unterkiefers (Maße in mm).

	Ursus (Plionarctos) böckhi Schlosser	Ursus (Plionarctos) aff. böckhi Schlosser	Ursus (Plionarctos) stehlini Kretzoi — Bammental juv.	Mauer (Exemplar Rüger)	Mauer (Museum Stuttgart)	Mauer (Museum Hildesheim)	Ursus (Plionarctos) angustidens Zdansky	Ursus ruscinensis Depéret	Ursus arvernensis Croizet et Jobert (Exemplar I Museum Paris)	Ursus etruscus Cuvier — Schwankungsbreite	Ursus etruscus Cuvier — Mittelwert	Ursus gombaszögensis Kretzoi — Schwankungsbreite	Ursus gombaszögensis Kretzoi — Mittelwert
Länge des ganzen Zahnes	20,5	20,7	19,8	21,0	20,5	20	21,8	24	24,0	22,5—27,0	24,7	—	—
Größte Breite	—	9,8	9,6	9,7	9,5	9,1	9,6	12,6	12,3	9,5—12,0	10,7	11,8—12,1	11,9
Deren Verhältnis zur Zahnlänge in %	—	47,3	48,5	46,2	46,3	45,5	44,5	52,5	51,3	40,0—47,9	43,9	—	—
Länge des vorderen Abschnittes (außen)	—	—	12,9	14,8	13,8	—	—	15,5	13,5	—	—		
Deren Verhältnis zur Zahnlänge in %	—	—	65,2	70,5	67,3	—	—	64,6	56,3	—	—		
Länge des hinteren Abschnittes (außen)	—	—	6,9	6,4	6,7	—	—	—	10,5	—	—		
Deren Verhältnis zur Zahnlänge in %	—	—	34,8	30,5	32,7	—	—	—	43,8	—	—		
Breite des vorderen Abschnittes	—	—	8,0	8,3	8,5	—	—	11	10,6	8—11	9,5		
Deren Verhältnis zur Zahnlänge in %	—	—	40,4	39,5	41,5	—	—	45,8	44,2	33,5—40,7	37,1		
Breite des hinteren Abschnittes	10,0	—	9,6	9,7	9,5	—	—	—	12,3	10—12	11		
Deren Verhältnis zur Zahnlänge in %	48,8	—	48,5	46,2	46,3	—	—	—	51,3	41,6—45,8	43,7		
Länge des Paraconids	—	—	3,1	—	—	—	—	—	5,7	5,5—7	6,3		
Höhe des Paraconids	—	—	6,2	—	—	—	—	—	7,7	6—8	7		
Länge des Protoconids	—	—	6,8	—	—	—	—	—	8,1	9—13	11		
Höhe des Protoconids	10,0	—	6,5	—	—	—	—	—	10,2	8—11	9,5		
Länge des Metaconids	—	—	3,9	—	—	—	—	—	5,5	8,5—12	10,2		
Höhe des Metaconids	—	—	5,2	—	—	—	—	—	etwa 6,3	5,5—7	6,3		
Länge des Hypoconids	—	—	4,3	—	—	—	—	—	6,8	8—9,5	8,7		
Höhe des Hypoconids	—	—	6,3	—	—	—	—	—	9,8	7—9	8		
Länge des Entoconids	—	—	3,5	—	—	—	—	—	4,3	7—8	7,5		
Höhe des Entoconids	—	—	6,0	—	—	—	—	—	7,6	5,5—8	6,7		

Tabelle 5. M_2 des Unterkiefers (Maße in mm).

	Ursus (Plionarctos) böckhi SCHLOSSER	Ursus (Plionarctos) stehlini KRETZOI			Ursus ruscinensis DEPÉRET jugendlicher Kiefer	Ursus arvernensis CROIZET et JOBERT		Ursus etruscus CUVIER		Ursus gombaszögensis KRETZOI	
		Bammental juv.	Mauer (Exemplar RÜGER)	Mauer (Museum Stuttgart)		Exemplar I (Museum Paris)	Exemplar II (Museum Paris)	Schwankungsbreite	Mittelwert	Schwankungsbreite	Mittelwert
Länge des ganzen Zahnes	18,0	21,1	19,9	etwa 21,3	22,0	22,4	21,3	23,3—29,0	26,2	26,9—30,4	28,4
Breite des vorderen Zahnteiles	—	13,0	11,8	13,6	größte Breite 13,5	14,5	13,0	13,4—17,0	15,2	14,0—19,2	16,2
Deren Verhältnis zur Zahnlänge in %	—	61,6	59,3	63,8	—	64,7	61,0	56,0—60,1	58,0	—	—
Breite des hinteren Zahnteils	11,0	13,4	12,5	12,8	—	14,4	12,8	14,3—16,5	15,4	16,0—19,6	17,6
Deren Verhältnis zur Zahnlänge in %	61,1	63,5	62,8	60,1	—	64,3	60,1	51,8—66,1	58,9	—	—
Deren Verhältnis zur Breite des vorderen Zahnteils in %	—	103,1	105,9	94,1	—	99,3	98,5	104,2—106,8	105,5	—	—
Länge des vorderen Zahnteils (außen)	—	13,3	12,9	13,2	14,0	14,9	13,4	14,3—15,2	14,7	—	—
Deren Verhältnis zur Zahnlänge in %	—	63,0	64,8	62,0	63,6	66,5	62,9	59,5—62,1	60,8	—	—
Länge des hinteren Zahnteils (außen)	—	7,8	7	8,1	—	7,5	7,8(?)	8,5—10,3	9,4	—	—
Deren Verhältnis zur Zahnlänge in %	—	37,0	35,2	38,0	—	33,5	36,6	36,6—42,2	39,4	—	—
Deren Verhältnis zur Länge des vorderen Zahnteils außen in %	—	58,64	54,3	61,4	—	50,3	58,2	59,2—71,0	65,1	—	—
Länge des vorderen Zahnteils (innen)	—	—	—	—	—	12,5	12,1	12,1—13,2	12,7	—	—
Deren Verhältnis zur Zahnlänge in %	—	—	—	—	—	55,8	56,8	52,1—54,0	53,1	—	—
Länge des hinteren Zahnteils (innen)	—	—	—	—	—	10,4	8,8	10,0—10,1	10,1	—	—
Deren Verhältnis zur Zahnlänge in %	—	—	—	—	—	46,4	41,3	40,9—43,5	42,2	—	—
Deren Verhältnis zur Länge des vorderen Zahnteils innen in %	—	—	—	—	—	83,2	72,7	75,7—83,5	79,6	—	—

	Ursus (Plionarctos) böckhi SCHLOSSER	Ursus (Plionarctos) stehlini KRETZOI	Ursus (Plionarctos) angustidens ZDANSKY	Ursus ruscinensis DEPÉRET Junges Exemplar	Ursus arvernensis CROIZET et JOBERT Exemplar I (Museum Paris)	Exemplar II (Museum Paris)	Ursus etruscus CUVIER Schwankungsbreite	Mittelwert	Ursus gombaszögensis KRETZOI Schwankungsbreite	Mittelwert
Entfernung von der medianen Kimme zwischen Para- und Metaconid zum Zahnvorderrand	—	—	—	—	—	—	6,2—7,6	6,9	—	—
Deren Verhältnis zur Zahnlänge in %	—	—	—	—	—	—	26,7—31,1	28,9	—	—
Abstand der Höckerspitzen der Entoconidpartie	—	—	—	—	2,0	—	—	—	—	—
Kronenhöhe am Protoconid	—	7,0	7,0	—	8,5	6,5	10,2	—	—	—
Deren Verhältnis zur Zahnlänge in %	—	33,2	35,2	—	37,9	30,5	41,6	—	—	—
Kronenhöhe am Metaconid	7,0	6,1	6,2	—	7,6	6,5	8,2	—	—	—
Deren Verhältnis zur Zahnlänge in %	38,9	28,9	31,2	—	33,9	30,5	33,5	—	—	—
Kronenhöhe am Hypoconid	—	6,5	6,6	—	7,8	—	9,3	—	—	—
Deren Verhältnis zur Zahnlänge in %	—	30,8	33,2	—	34,8	—	38,0	—	—	—
Kronenhöhe am Entoconid	—	5,4	5,5	—	6,0	5,5	6,8	—	—	—
Deren Verhältnis zur Zahnlänge in %	—	25,6	27,6	—	26,8	25,8	27,8	—	—	—

(In der Spalte *Ursus etruscus* Schwankungsbreite sind die acht Kronenhöhen-Werte 10,2 / 41,6 / 8,2 / 33,5 / 9,3 / 38,0 / 6,8 / 27,8 als „Einzelwerte zu Zahn von 24,5 mm Länge" geklammert.)

Tabelle 6. M_3 des Unterkiefers (Maße in mm).

	Ursus (Plionarctos) böckhi SCHLOSSER	Ursus (Plionarctos) stehlini KRETZOI	Ursus (Plionarctos) angustidens ZDANSKY	Ursus ruscinensis DEPÉRET Junges Exemplar	Ursus arvernensis CROIZET et JOBERT Exemplar I (Museum Paris)	Exemplar II (Museum Paris)	Ursus etruscus CUVIER Schwankungsbreite	Mittelwert	Ursus gombaszögensis KRETZOI Schwankungsbreite	Mittelwert
Länge des Zahnes	14,0	16	16,6 18,6	18,5	16,5	15,2	14,5—23,0	18,7	20,6—24,5	22,1
Größte Breite	10,8	13	12,3 14,5	13,5	13,5	12,4	12,0—16,0	14,0	16,5—19,7	17,3
Vordere Zahnbreite	—	12,9	—	—	13,5	12,4	12,0—16,0	14,0	—	—
Deren Verhältnis zur Zahnlänge in %	—	80,6	—	—	81,8	81,6	67,3—96,7	82	—	—
Hintere Zahnbreite	—	10	—	—	12,1	11,7	8,5—13,5	11	—	—
Deren Verhältnis zur Zahnlänge in %	—	62,5	—	—	73,3	77	45,0—64,2	54,6	—	—
Deren Verhältnis zur vorderen Zahnbreite in %	—	76,9	—	—	89,6	94,4	60,0—84,3	72,2	—	—

vorliegenden M^2 eines kleinen Bären aus der Sackdillinger Höhle
(mit Gombaszög nahezu oder vollständig gleichalterig!) bewiesen
werden. Die geringe Größe dieses in Frage stehenden Restes läßt
zunächst daran denken, daß es sich hier ebenfalls um einen Vertreter der kleinen in Mauer vorkommenden Ursiden handeln könnte.
Die Struktur der Kaufläche ist jedoch hinsichtlich ihrer Komplikation schon so höhlenbärenähnlich, daß sich von selbst eine Identifizierung mit dem noch so primitiv gebauten und deshalb lange
Zeit für *Ursus arvernensis* gehaltenen Bären von Mauer verbietet.
Das bedeutet also, daß es in den pliopleistozänen Ablagerungen
Mitteleuropas offenbar noch weitere kleine Bärenarten gibt, und
daß es bei der Bestimmung unvollständiger Reste gerade bei der
Ursidengruppe ganz besonderer Vorsicht bedarf.

Für die deutschen kleinen Altquartärbären muß zwar die ohne
Untersuchung und Bearbeitung des Originalmaterials von Kretzoi
geschaffene Bezeichnung *Plionarctos stehlini* angenommen werden.
Dagegen empfiehlt es sich, die unter demselben Namen aus ungarischen Ablagerungen beschriebenen einzelnen Eckzähne (Kretzoi
1941 und Mottl 1942) bis auf weiteres nur als *Plionarctos* sp. zu
führen.

Die Originale zu Abb. 1—4 befinden sich im Musée national d'Hist.-
nat. in Paris; die zu Abb. 5—8 in der Sammlung des Geologisch-Paläonto-
logischen Instituts der Universität Heidelberg. Reichenaus Original wird
in der Naturaliensammlung zu Stuttgart aufbewahrt. Sämtliche Aufnahmen
Präparator Welz.

Literatur.

Andrews, C. W.: Note on a Bear (Ursus savini, sp. n.) from the Cromer
Forest-bed. Ann. Mag. Nat. Hist., IX. s., Bd. 9 (1922). — Becksmann, E.
u. W. Richter: Die ehemalige Neckarschlinge am Ohrsberg bei Eberbach
in der oberpliozänen Entwicklung des südlichen Odenwaldes. S.ber. Heidelberger Akad. Wiss., math.-naturw. Kl. (1939) 6. Abh. — Bernsen, J. J. A.:
Eine Revision der fossilen Säugetierfauna aus den Tonen von Tegelen.
VI. Ursus etruscus. Natuurhist. Maandbl. Bd. 21 (1932). — de Blainville, H.: Ostéographie ou Description iconographique comparée du sque-
lette et du système dentaire des Mammifères. Bd. II. Paris 1839—1864. —
Croizet et Jobert: Recherches sur les ossements fossiles du département
du Puy- de Dôme. Paris 1828. — Cuvier, G.: Recherches sur les ossements
fossiles etc. 4. Aufl., Bd. 7, S. 309. Paris 1835. — Depéret, Ch.: Les ani-
maux pliocènes du Roussillon. Mém. Soc. géol. France Bd. 3 (1890). —
Depéret, CH. et G. Llueca: Sur l'Indarctos et la Phylogénie des Ursides.
Bull. Soc. géol. France. (4) Bd. 28 (1928). — Devèze de Chabriol et Bouillet: Essai géologique et minéralogique sur les environs d'Issoire, Département de Puy- de Dôme et principalement sur la Montagne de Boulade,

avec la description et les figures lithographiées des ossements fossiles qui y ont été receuillis. Clermont-Ferrand 1827. — Dubois, A. et H. G. Stehlin: La grotte de Cotencher, station moustérienne. Mém. Soc. paléont. suisse, Bd. 52/53. (1933). — Falconer et Cautley: Fauna antiqua Sivalensis being the fossil zoology of the Siwalik hills in the North of India. London 1846. — Freudenberg, W.: Die Säugetiere des älteren Quartärs von Mitteleuropa mit besonderer Berücksichtigung der Fauna von Hundsheim und Deutschaltenburg in Niederösterreich. Geol. Pal. Abh. N. F. Bd. 12 (1914). — Frick, Ch.: The Hemicyoninae and an Amerian tertiary bear. Bull. Amer. Mus. Nat. Hist. Bd. 56 (1936). — Gaudry, A.: Les enchainements du monde animal dans les temps géologiques. Mammifères tertiaires, Paris 1878. — Gervais, P.: Zoologie et Paléontologie françaises, Bd. 3. Paris 1848—1852. — Heller, Fl.: Eine Forest-Bed-Fauna aus der Sackdillinger Höhle (Oberpfalz). N. Jb. Min. etc. Abt. B. Beil.-Bd. 63 (1930). — Eine Forest-Bed-Fauna aus der Schwäbischen Alb. S.ber. Heidelberger Akad. Wiss., math.-naturw. Kl. (1936) 2. Abh. — Die Bärenzähne aus den Ablagerungen der ehemaligen Neckarschlinge bei Eberbach im Odenwald. S.ber. Heidelberger Akad. Wiss., math.-naturw. Kl. (1938) 7. Abh. (a). — Neue Säugetierfunde aus den altdiluvialen Sanden von Mauer an der Elsenz. I. Kleinsäugerreste aus den altdiluvialen Sanden von Mauer. S.ber. Heidelberger Akad. Wiss., math.-naturw. Kl. (1939) 8. Abh. (b). — Horsfield, T.: Description of the Helarctos euryspilus, exhibiting in the Bear from Island of Borneo, the type of a subgenus of Ursus. Zool J. Bd. 2 (1829). — Kinkelin, F.: Der Pliocänsee des Rhein- und Mainthales und die ehemaligen Mainläufe. Ein Beitrag zur Kenntnis der Pliocän- und Diluvialzeit des westlichen Mitteldeutschlands. Senckenbergiana, Frankf. M. (1889). — Kormos, Th.: Über eine neuentdeckte Forestbed-Fauna in Dalmatien. Palaeobilogica Bd. 4 (1931). — Zur Geschichte und Geologie der oberpliozänen Knochenbreccien des Villányer Gebirges. Mathem.-Naturw. Anz. Ungar. Akad. Wiss. Bd. 56 (1937). — Kretzoi, N.: Die Raubtiere von Gombaszög nebst einer Übersicht der Gesamtfauna. (Ein Beitrag zur Stratigraphie des Altquartärs.) Ann. Mus. Nat. Hung. Bd. 31 (1937/38). — Weitere Beiträge zur Kenntnis der Fauna von Gombaszög. Ann. Mus. Nat. Hung. Bd. 34 (1941). — Maier v. Mayerfels, Stef.: Zur Stammesgeschichte der ungarischen Bären. N. Jb. Min. etc. Abt. B. Beil.-Bd. 62 (1929). — Matthew, W. D. and W. Granger: New fossil Mammals from the Pliocene of Sze-Chuan, China. Amer. Mus. Nat. Hist. Bd. 48 (1923). — Mottl, M.: Beiträge zur Säugetierfauna der ungarischen alt und jungpleistozänen Flußterrassen. Mitt. Jb. Kgl. Ung. Geol. Anst. Bd. 36 (1942). — Newton, E. T.: The Vertebrata of the Forest Bed Series of Norfolk and Suffolk. Mem. Geol. Surv. England and Wales. London 1882. — On the remains of Ursus etruscus (= Ursus arvernensis) from the Pliocene deposits of Tegelen sur Meuse. Verh. Geol. Mijnb. Gen. Nederland en Kol., Geol. Serie L (1913). — Owen, R.: A History of British fossil Mammals and Birds. London 1846. — Reichenau, W. v.: Beiträge zur näheren Kenntnis der Carnivoren aus den Sanden von Mauer und Mosbach. Abh. Großh. Hess. geol. Landesanst. H. 2. (1906). — Revision der Mosbacher Säugetierfauna, zugleich Richtigstellung der Aufstellung in meinen „Beiträge zur näheren Kenntnis etc.". Notizbl. Ver. Erdkunde u. d. Großh. Hess. geol. Landesanst., IV. F. H. 31 (1910). — Reynolds, S. H.: A Monograph of the British Pleistocene Mammals. Bd. II, Teil 2. — Bears. Palaeont. Soc. Bd. 60 (1906). — Ristori, G.: L'Orso pliocenico di Valdarno e d'Olivola in Val di Magra Palaeont. Italica Bd. 3 (1897). — Rode, K.: Untersuchungen über das

Gebiß der Bären. Monogr. Geol. und Paläont., II. s. H. 7 (1935). — KÜ-GER, L.: Beiträge zur Kenntnis der altdiluvialen Fauna von Mauer an der Elsenz und Eberbach a. Neckar. Geol. Pal. Abh., N. F. Bd. 16 (1928). H. 2. — DE SAINT-PERIER, R.: Nouvelles recherches dans la caverne de Montmaurin (Haute-Garonne). L'Anthropologie Bd. 23 (1922). — SCHLOSSER, M.. Parailurus anglicus und Ursus Böckhi aus den Ligniten von Barót-Köpecz. Mitt. Jb. Ung. geol. Reichsanst. Bd. 13 (1899). — Über die Bären und bären-ähnlichen Formen des europäischen Tertiärs. Paläontogr. Bd. 46 (1899 bis 1900). — SCHREUDER, A.: A Note on the Carnivora of the Tegelen Clay, with some Remarks on the Grisoninae. Arch. Néerland. Zool. Bd. 2 (1935). SCHRÖDER, H.: Revision der Mosbacher Säugetierfauna. Jb. nassauisch. Ver. Naturkde. Bd. 51 (1898). — SOERGEL, W.: Die diluvialen Säugetiere Badens. Ein Beitrag zur Paläontologie und Geologie des Diluviums. Erster Teil: Älteres und mittleres Diluvium. Mitt. Bad. geol. Landesanst. Bd. 9 (1923). — Die geologische Entwicklung der Neckarschlinge von Mauer. Ein Exkursionsbericht. Paläont. Z. Bd. 15 (1933). — TEILHARD DE CHARDIN, P. et J. PIVETEAU: Les Mammifères fossiles de Nihowan, (Chine). Ann. Paléont. Bd. 19 (1930). — WEITHOFER, K. A.: Über die tertiären Landsäugetiere Italiens. Jb. K. K. geol. Reichsanst. Bd. 39 (1889). — ZDANSKY, O.: Wei-tere Bemerkungen über fossile Carnivoren aus China. Palaeont. Sinica, Ser. C Bd. 4 (1927). — Die Säugetiere der Quartärfauna von Chou-Kou-Tien. Palaeont. Sinica, Ser. C Bd. 5 (1928). — ZEUNER, FR. E.: A Comparison of the Pleistocene of East Anglia with that of Germany. Proc. Prehist. Soc. (1937).

5. K. KRAMER und K. E. SCHÄFER. Der Einfluß des Adrenalins auf den Ruheumsatz des Skeletmuskels. DMark 2.30.
6. Beiträge zur Geologie und Paläontologie des Tertiärs und des Diluviums in der Umgebung von Heidelberg. Heft 2: E. BECKSMANN und W. RICHTER. Die ehemalige Neckarschlinge am Ohrsberg bei Eberbach in der oberpliozänen Entwicklung des südlichen Odenwaldes. (Mit Beiträgen von A. STRIGEL, E. HOFMANN und E. OBERDORFER.) DMark 3.40.
7. Studien im Gneisgebirge des Schwarzwaldes. XI. O. H. ERDMANNSDÖRFFER. Die Rolle der Anatexis. DMark 3.20.
8. Beiträge zur Geologie und Paläontologie des Tertiärs und des Diluviums in der Umgebung von Heidelberg. Heft 4: F. HELLER. Neue Säugetierfunde aus den altdiluvialen Sanden von Mauer a. d. Elsenz. DMark 0.90.
9. K. FREUDENBERG und H. MOLTER. Über die gruppenspezifische Substanz A aus Harn (4. Mitteilung über die Blutgruppe A des Menschen). DMark 0.70.
10. I. VON HATTINGBERG. Sensibilitätsuntersuchungen an Kranken mit Schwellenverfahren. DMark 4.40.

Jahrgang 1940.

1. F. EICHHOLTZ und W. SERTEL. Weitere Untersuchungen zur Chemie und Pharmakologie der Heidelberger Radiumsole. DMark 2.20.
2. H. MAASS. Über Gruppen von hyperabelschen Transformationen. DMark 1.20.
3. K. FREUDENBERG, H. WALCH, H. GRIESHABER und A. SCHEFFER. Über die gruppenspezifische Substanz A (5. Mitteilung über die Blutgruppe A des Menschen). DMark 0.60.
4. W. SOERGEL. Zur biologischen Beurteilung diluvialer Säugetierfaunen. DMark 1.—.
5. Annulliert.
6. M. STECK. Ein unbekannter Brief von Gottlob Frege über Hilbert's erste Vorlesung über die Grundlagen der Geometrie. DMark 0.60.
7. C. OEHME. Der Energiehaushalt unter Einwirkung von Aminosäuren bei verschiedener Ernährung. I. Der Einfluß des Glykokolls bei Hund und Ratte. DMark 5.60.
8. A. SEYBOLD. Zur Physiologie des Chlorophylls. DMark 0.60.
9. K. FREUDENBERG, H. MOLTER und H. WALCH. Über die gruppenspezifische Substanz A (6. Mitteilung über die Blutgruppe A des Menschen). DMark 0.60.
10. TH. PLOETZ. Beiträge zur Kenntnis des Baues der verholzten Faser. DMark 2.—.

Jahrgang 1941.

1. Beiträge zur Petrographie des Odenwaldes. I. O. H. ERDMANNSDÖRFFER. Schollen und Mischgesteine im Schriesheimer Granit. DMark 1.—.
2. M. STECK. Unbekannte Briefe Frege's über die Grundlagen der Geometrie und Antwortbrief Hilbert's an Frege. DMark 1.—.
3. Studien im Gneisgebirge des Schwarzwaldes. XII. W. KLEBER. Über das Amphibolitvorkommen vom Bannstein bei Haslach im Kinzigtal. DMark 1.60.
4. W. SOERGEL. Der Klimacharakter der als nordisch geltenden Säugetiere des Eiszeitalters. DMark 1.40.

Jahrgang 1942.

1. E. GOTSCHLICH. Hygiene in der modernen Türkei. DMark 0.60.
2. Studien im Gneisgebirge des Schwarzwaldes. XIII. O. H. ERDMANNSDÖRFFER. Über Granitstrukturen. DMark 1.60.
3. J. D. ACHELIS. Die Überwindung der Alchemie in der paracelsischen Medizin. DMark 1.40.
4. A. BENNINGHOFF. Die biologische Feldtheorie. DMark 1.—.

Jahrgang 1943.

1. A. BECKER. Zur Bewertung inkonstanter α-Strahlenquellen. DMark 1.—.
2. W. BLASCHKE. Nicht-Euklidische Mechanik. DMark 0.80.

Jahrgang 1944.

1. C. OEHME. Über Altern und Tod. DMark 1.—.

1945, 1946 und 1947 sind keine Sitzungsberichte erschienen.